果蔬商品生产新技术丛书

提高胡萝卜商品性栽培技术问答

吴焕章　郭赵娟　编著

金盾出版社

内 容 提 要

本书由河南省郑州市蔬菜研究所研究员吴焕章、郭赵娟编著。书中以问答方式，介绍胡萝卜产业与胡萝卜商品性，影响胡萝卜商品性的关键因素，提高胡萝卜商品性的品种选择、栽培方式、田间栽培环境管理、病虫害防治、采收及采后处理，以及提高胡萝卜商品性的胡萝卜安全生产与标准化生产等内容。全书内容丰富，语言通俗，技术先进，经验实用，可操作性强，对于增强胡萝卜的商品性，提高胡萝卜栽培的经济效益，具有很强的指导作用。

图书在版编目(CIP)数据

提高胡萝卜商品性栽培技术问答/吴焕章，郭赵娟编著．—北京：金盾出版社，2009.9
(果蔬商品生产新技术丛书/曹尚银主编)
ISBN 978-7-5082-5896-6

Ⅰ．提… Ⅱ．①吴…②郭… Ⅲ．胡萝卜—栽培—问答 Ⅳ．S631.2-44

中国版本图书馆 CIP 数据核字(2009)第 121086 号

金盾出版社出版、总发行
北京太平路 5 号(地铁万寿路站往南)
邮政编码：100036 电话：68214039 83219215
传真：68276683 网址：www.jdcbs.cn
封面印刷：北京百花彩色印刷有限公司
正文印刷：北京四环科技印刷厂
装订：海波装订厂
各地新华书店经销
开本：850×1168 1/32 印张：3.625 字数：89 千字
2009 年 9 月第 1 版第 1 次印刷
印数：1～10 000 册 定价：6.00 元

目　录

一、胡萝卜产业与胡萝卜商品性

1. 胡萝卜的起源在哪里?

胡萝卜(*daucus carrot*),又称红萝卜、黄萝卜、丁香萝卜、药性萝卜、香萝卜、葫芦簸金、小人参、红菜头、赤珊瑚、黄根等,是伞形科胡萝卜属二年生草本植物。胡萝卜起源于中亚和地中海地区,阿富汗为紫色胡萝卜最早演化中心,栽培历史在2000年以上。公元10世纪,胡萝卜从伊朗传入欧洲大陆,被驯化发展成短圆锥橘黄色欧洲生态型。13世纪经伊朗传入中国,发展成中国长根形生态型。16世纪传入美国。日本16世纪从中国引入。现在,胡萝卜已经遍及世界各地。

胡萝卜的肉质根作为蔬菜食用,肉质根一般呈柱状或锥状,颜色有红色、橘黄色、橙红色、黄色或紫色等。黄色和紫色的胡萝卜品种是最早的主要栽培品种,橙红色胡萝卜于17世纪出现在北欧,以后传遍世界各地,现在中国栽培最多的是红、黄两种颜色的品种。

2. 胡萝卜有哪些营养价值和功用?

胡萝卜是一种菜药兼用的蔬菜,营养价值很高。据测定,每100克鲜肉质根中,含糖类6.4克,蛋白质1.1克,脂肪0.2克,钙36毫克,钾341毫克。对胡萝卜所含的钙,人体吸收率为13.4%,仅次于牛奶,是很好的补钙食品。胡萝卜富含胡萝卜素。胡萝卜素又称维生素A原,每100克胡萝卜中约含有胡萝卜素3.62毫克,相当于1981国际单位的维生素A;胡萝卜素的含量约为土豆的360倍，芹菜的36倍，苹果的45倍，柑橘的23倍。

胡萝卜性味甘，辛，微温，有健脾化湿、下气补中、安肠胃、治腹泻、防夜盲等功效。胡萝卜含有槲皮素。这是一种与组成维生素P有关的物质，具有促进维生素C的作用和改善微血管的功能，能增加冠状动脉血流量，降低血脂，因此具有降压、强心的效能。胡萝卜中含有一种能降低血糖的成分，是糖尿病患者的佳蔬良药。胡萝卜所含的绿原酸、咖啡酸、没食子酸及对羟基苯甲酸等，既有杀菌作用，又有明目、健脾、化滞的功效。胡萝卜素有维护上皮细胞的正常功能、防止呼吸道感染、促进人体生长发育及参与视紫红质合成等重要功效，对于眼干燥症和小儿软骨病，也有辅助治疗作用。美国科学家研究证实：每天吃两根胡萝卜，可使血液中胆固醇降低10%～20%；每天吃三根胡萝卜，有助于预防心脏疾病和肿瘤。

胡萝卜还具有突出的防癌、抗癌作用，能遏制乳腺癌细胞的生长。它所含的抗坏血酸，对致癌的“N-2甲基亚硝胺”物质的形成，有神奇的阻隔作用，其阻隔率可达37.3%，并能促进肝细胞再生及肝糖原的迅速合成，从而增强肝脏的解毒能力。它所含的α-胡萝卜素具有抗氧化活性能力，会使体内的抗氧化酶活性增强，消除代谢过程中所产生的氧自由基，提高免疫能力。据报道，每100克胡萝卜中含α-胡萝卜素3.62毫克，占维生素的1/2以上。胡萝卜所含的β-胡萝卜素可增强人体的免疫功能，为强有力的抗癌制剂，能有效防止放射线损伤，降低化疗对人体的副作用；能抑制煤粉尘等混合物引起的突变，抑制脂肪对组织病变及癌前期病变，降低肿瘤发生率，被国内外医学界称为“抗癌英雄”。胡萝卜中含有较多的叶酸，是一种B族维生素，具有抗癌作用。胡萝卜中的木质素，也有提高机体抗癌免疫力的功用。它所含的果胶酸钙能将体内的亚硝酸、环芳烃等致癌物裹牢排出体外。所含的甘露醇，也具有排毒功效。

3. 胡萝卜有哪些加工用途?

胡萝卜加工用途很多,以它为原料加工开发的产品可分为三类,即原味品、风味品和精提品。原味品是指以胡萝卜为主要原料,经加工后形成的最终产品。这类产品的特点是胡萝卜所含的各种营养成分均保留在最终产品中,如胡萝卜脯、胡萝卜酱和胡萝卜脨等。风味品是指除以胡萝卜为主要原料外,还配以其他原料而形成的独特风味的产品。该类产品不仅保留了胡萝卜的全部营养成分,还增添了其他的营养成分,如草莓、胡萝卜低糖果酱,胡萝卜低脂花生酱,胡萝卜-花生乳茶,芹菜、番茄、胡萝卜复合蔬菜汁,纯天然胡萝卜、枸杞、甘草复合保健饮料等。精提品指以胡萝卜作为原料,经过精细加工,将胡萝卜中的某种成分抽提出来而形成的最终产品,如β-胡萝卜素的精提和应用。

β-胡萝卜素被广泛用于食品、化妆品和医药等方面,可医治维生素缺乏症、皮肤病、抗光敏症等疾病。经实验证明:β-胡萝卜素能防治或延缓癌症,是癌症的对抗剂,而且也是难得的具有广泛免疫功能的药物和饲料添加剂。目前,世界上对β-胡萝卜素的需求量每年按7%~8%的速度递增,全世界每年约需1 000吨,我国每年约需求4~5吨,基本上是从国外进口的。随着人们对β-胡萝卜素认识的不断深入,β-胡萝卜素的应用将会更加广泛,它在国内外的市场潜力将会更大。这就要求我国的β-胡萝卜素提取技术,要不断改进和提高,加工企业要快速发展,胡萝卜产业才能有大的发展。

4. 胡萝卜产业有哪些特点?

胡萝卜产业的主要特点:一是胡萝卜具有十分丰富的营养和较高的药用价值,菜药双优。二是胡萝卜管理相对简单,病虫害较少,适合规模化、标准化种植。栽培中施用农药较少,农药污染轻微,很容易培育无公害蔬菜,在无公害蔬菜生产中有着特殊重要的意义。因此,对于蔬菜生产不太发达的地区来说,发展胡萝卜生产是一项提高农民收益,改善产业结构的理想选择。三是耐贮运,适于长时间和长距离运输。四是胡萝卜秋季播种较晚,便于茬口安排,是一种传统的救灾作物。五是胡萝卜加工用途多,加工潜力大,有利于建立胡萝卜产业。通观以上情况,可以清楚地看到,建立和发展胡萝卜产业,是蔬菜产区经济发展和蔬菜加工业发展的重要途径之一。

5. 我国胡萝卜产业的现状如何?存在哪些问题?

随着我国国民经济的迅速发展,科技水平的快速提高,我国蔬菜产业有了迅猛发展,蔬菜的鲜食和加工产品,已经成为我国农业结构调整和发展创汇农业的重要支柱产业。当前,消费者对蔬菜的需求正从数量消费型过渡到质量消费型,这就对蔬菜的商品性、营养性提出了更高的要求。胡萝卜作为大众喜爱的一种蔬菜,因其营养价值大、产量高、栽培简单、耐贮耐运、加工潜力大,而特别适合产业化开发。我国是胡萝卜栽培大国。据统计,2002 年,我国的胡萝卜面积就已经达到 37.3 万公顷,占世界胡萝卜栽培面积的 1/3 还多。主要分布在华北、华中、西南、西北与东北地区的部分省份,其中以河北、山东、辽宁、河南、四川、江苏和安徽等省的种植面积较大。自 20 世纪 80 年代以来,我国胡萝卜出口数量越来越大,主要销往日本、俄罗斯、泰国、韩国、新加坡、新西兰、菲律宾、马来西亚及欧盟,少量销往欧美。其中日本是进口我国胡萝卜数量大的国家,主要进口保鲜胡萝卜、胡萝卜汁和以胡萝卜为主要原料的混合蔬菜等。

胡萝卜在栽培技术、营养价值和生理功能,以及加工成产品的技术要求、设备投资、产品的消费去向、市场潜力等方面的优势,都表明胡萝卜具有广阔的开发利用前景。如今,胡萝卜在生产、营销、加工等环节方面，已经取得显著成效。但是也存在一些问题，一是农村胡萝卜栽培技术粗放，胡萝卜质量偏低。二是胡萝卜科研水平相对落后。胡萝卜单产与世界平均水平还有较大的差距，优秀品种还需要从国外引进，长远看会阻碍胡萝卜产业整体竞争力的提高。三是我国加工技术还比较落后。即使在胡萝卜主产区，胡萝卜的加工也仍然停留在简单的冷冻和保鲜处理上，附加值更高、增值空间更大的胡萝卜汁、胡萝卜泥、提取胡萝卜素等精深加工相对落后，大型胡萝卜加工企业在我国很少见有报道，大规模种植胡萝卜受到限制。

如今，我国已经加入世贸组织，面对物资出口途径日益通畅、胡萝卜出口量还将快速增加的现状，我国的胡萝卜生产行业要培育优秀的胡萝卜品种，推广科学栽培技术，促进胡萝卜的区域化和规模化生产，提高胡萝卜的品质，改进胡萝卜加工技术，大力发挥我国劳动力资源和胡萝卜生产资源的优势，加强胡萝卜生产和加工环节的标准化建设，对生产、加工、经营和销售等环节全程控制，发展胡萝卜产业化。同时还要进一步开拓出口国家，促进我国胡萝卜产业和出口创汇，增加农民收入的同时提高我国国民经济水平。

6. 何谓无公害蔬菜、绿色蔬菜和有机蔬菜？

绿色蔬菜是对无污染蔬菜的一种形象描述。它是遵循可持续发展原则，按照特定生产方式生产，经过专门机构认定，许可使用绿色食品标志的无污染的安全优质、营养类蔬菜食品。绿色蔬菜食品分为两个级别：一是AA级绿色食品，指在生态环境质量符合规定标准的产地，生产过程中不使用任何有害化学合成物质，按特定的生产操作规程生产、加工，产品质量及包装经检测，符合特定的标准，并经专门机构认定，许可使用AA级绿色食品标志的产品。二是A级绿色食品，指在生态环境质量符合规定标准的产地，生产过程中允许限量使用限定的化学合成物质，按特定的生产操作规程生产、加工，产品质量及包装经检测符合特定的标准，并经专门机构认定，许可使用A级绿色食品标志的产品。

无公害蔬菜也称无毒害蔬菜、无污染蔬菜或安全蔬菜。无公害蔬菜生产过程中严格禁止使用已经公布的剧毒、高毒、高残留农药，允许限量、限时、限浓度使用一些低毒低残留的农药、化肥、植物生长调节剂等。相当于绿色食品中的A级绿色食品。

有机蔬菜是指来自于有机农业生态体系的蔬菜。它完全不用人工合成的化学肥料、农药、激素及转基因品种等，主要的肥料来源是发酵好的作物秸秆、畜禽粪肥、绿肥和有机废物，以作物轮作和各种物理、生物和生态措施，来控制病虫害为主要手段。主要采取一系列可持续发展的农业技术，协调种植平衡，维持农业生态系统的稳定，而且经过有机认证机构鉴定认可，颁发有机证书。这样生产的蔬菜才是有机蔬菜，相当于绿色食品中的AA级绿色食品。有机生产对产地环境条件、产品质量及卫生标准要求较高，目前在我国现有条件下实施难度较大，有机蔬菜生产基地很少。

7. 胡萝卜的商品性包括哪些方面？何谓胡萝卜的商品性栽培？

胡萝卜的商品性，是指为满足市场需求而对胡萝卜肉质根性状的具体要求，包括肉质根外观性状和内在品质。外观性状包括肉质根形状、颜色、表皮、长度、根粗、单根重和心柱粗细等；内在品质包括风味、营养成分等。

胡萝卜的商品性栽培，是指通过无公害、绿色等科学栽培管理，种植出符合胡萝卜肉质根商品性各种要求的胡萝卜，来满足消费者对胡萝卜的各种需求。

二、影响胡萝卜商品性的关键因素

8. 影响胡萝卜商品性的关键因素有哪些?

影响胡萝卜商品性的关键因素,主要是两个方面:品种和栽培方法。品种指优良品种;栽培方法是指优良的栽培技术,包括栽培方式、栽培田间环境管理、病虫害防治等内容。生产中,在选择适合当地种植的优良品种的同时,还要通过栽培技术和适宜的外界栽培环境条件,来控制胡萝卜的生长和发育,达到高产优质的目的。哪一个环节处理不好,都会影响胡萝卜的长势和肉质根的外观、品质、风味等商品性状。只有根据良种选择相应的配套技术,进行安全生产和标准化生产,使两者紧密结合,做到科学栽培管理,才能培育出高商品性的胡萝卜,满足市场需求,增加农民收入。

9. 胡萝卜品种与商品性的关系如何?

品种是人类在一定的生态和经济条件下,根据需要而创造出的栽培植物群体。它在经济性状和遗传性上具有相对的稳定性和一致性,适应一定地区的自然和环境条件,产量和品质等符合一定时期内人们的需求,是农业生产的重要物质基础。胡萝卜优良品种,是生产优质、高产胡萝卜的物质基础,是提高产量、品质和抗病性的关键。选择了不同成熟期的胡萝卜优良品种,可以合理安排茬口,进行多季栽培;选择了抗病品种,可以减少农药使用,在减少生产成本的同时也提高了胡萝卜的品质。根据不同的种植目的,可以选择适合鲜食或加工的不同品种。确定合适的胡萝卜优良品种,是提高胡萝卜商品性的第一步。所以各地在引种胡萝卜品种时，要牢记因地制宜、因时制宜和因需制宜。

10. 栽培方式与胡萝卜商品性的关系如何？

每种作物的栽培方式，都要根据其生理特点、种植园和种植地气候、土壤等环境条件来确定。只有栽培方式适合，才能科学创造适合作物生长的环境，得到高产优质的农产品。以前，胡萝卜多为秋季露地栽培。近几年，随着胡萝卜栽培技术的提高和市场消费的需要，春季设施栽培日益增多。设施栽培要根据已有设施和环境条件，选择合适的设施栽培方法。不管是露地还是设施栽培，都要因地制宜采取平畦、高垄或高畦的种植方式。例如土层较薄、多湿、排水稍差、土壤质地较黏重的地块，就宜作高垄。否则，平畦种植胡萝卜长势差，积水多，容易沤根，肉质根容易畸形、裂根，从而使商品性大打折扣。各地区实践表明，北方地区平畦栽培虽然比较省人力，单位面积产量也较高，但胡萝卜产量还只是一般，商品性也平常，不及高垄栽培。而高垄栽培，在雨水多时利于排水降湿，避免渍害，增加土壤透气性，通风性能也好，能使胡萝卜裂根减少，商品率高，优质高产。所以说，栽培方式和胡萝卜的商品性是有着紧密关系的。

11. 栽培环境管理与胡萝卜商品性的关系如何？

胡萝卜的生长发育和肉质根的形成，一方面主要取决于品种的遗传特性，另一方面主要就是栽培环境的影响。栽培环境条件，主要包括温度、光照、水分、土壤、空气和生物条件。温度条件指空气温度和土壤温度；光照条件指光的组成、光的强度和光周期；水分条件指空气湿度和土壤湿度；土壤条件指土壤肥力、土壤化学组成、土壤物理性质和土壤溶液的反应；空气条件指大气和土壤中空气的氧气和二氧化碳的含量，有毒气体的含量，风速及大气压；生物条件指土壤微生物、杂草及病虫害。

所有这些条件都不是孤立存在的，而是相互联系的。例如：光照充足，温度就会随着上升，土壤和胡萝卜植株的蒸腾作用就会增强，土壤湿度和空气湿度也会随之改变，土壤微生物的活动也会受到不同程度的影响，那么植株的生长情况也会跟着有所变化。其中影响胡萝卜生长发育的气候条件主要是温度；田间环境条件主要是水分和土壤（即土壤类别、田间浇水和施肥）。这些外界环境条件的综合作用，决定着胡萝卜的生长发育、肉质根的品质；即胡萝卜的生长环境得到科学管理，胡萝卜的商品性就能得到保证。

12. 安全生产与胡萝卜商品性的关系如何？

安全生产是提高胡萝卜商品性的必然要求。目前，我国社会主义市场经济正快速稳定地增长，人民生活水平日益提高，人们对各种食品的要求不仅仅只停留在数量上，而是越来越关注食品的质量、营养功能和安全，对环保、消费无公害食品的意识大大增强。所以，胡萝卜的安全生产是我国社会主义市场经济的需要和必然。

安全生产对植株生长期间的耕地、施肥、浇水和病虫害防治，都作了安全规定，特别强调了肥料和农药的使用规则。在国家政府采取措施的情况下，实施安全生产，可以保护与改善农业生态环境，创建和发展胡萝卜安全生产基地，提高农民的安全生产意识，从而提高胡萝卜的质量，生产出商品性优秀的胡萝卜，满足出口食品的要求，增强我国胡萝卜的市场竞争力，增加出口创汇额。只有做到安全生产，才能保证食品安全。

13. 标准化生产与胡萝卜商品性的关系如何？

胡萝卜标准化生产对胡萝卜种子标准、生产技术规程和胡萝卜肉质根质量标准，一一进行了规定，其中质量标准是这 3 个主题内容的核心，种子标准化是实现质量标准化的基础，生产技术规范化是实现质量标准化的保证。

实施标准化生产，是我国整个农业发展的必然趋势，是市场供求发展的必然要求。通过实施标准化生产，可以规范农民的生产操作，提高农民科学用药、施肥的自觉性和农业技术水平。农户按照标准化生产技术生产，控制胡萝卜生产的全过程，选取适合当地的优良品种，按照要求选取规定的化肥、农药，减少不必要的农业成本支出，进行标准化作业。可以改善生态环境，优化当地的种植环境，生产出品质好、安全的胡萝卜，提高其商品性，满足生产者和消费者的需要。只有保证标准化生产，才能稳定保证胡萝卜商品性，进一步促进胡萝卜生产向规模化、产业化、外向化的方向发展，提高产品市场竞争力，提高整体经济效益，实现农业效益的最大化，促进经济、社会、生态和谐发展。

三、提高商品性的胡萝卜品种选择

14. 胡萝卜品种分为哪些类型?

胡萝卜品种主要分布在华北、西北地区。根据肉质根颜色的不同,胡萝卜主要分为黄色、红色、橙色和紫色 4 种类型。目前,市场上最常见的为红色或橙色品种。根据肉质根长短的不同,可分为长根型、中根型、短根型 3 种类型。长根 16 厘米以上,中根14～16 厘米,短根 12～14 厘米。根据肉质根形状的不同,可分为圆锥形和圆柱形两种类型。根据用途的不同,可分为生熟食兼用类型和加工类型两种。根据栽培季节的不同,胡萝卜有欧、亚两种生态型,欧洲型为短根型,抽薹晚,可在春、夏播种,成熟早,根型小,一般为 50～80 克。亚洲型为长根型,以秋冬栽培为主,根型较大。根据生育期分,可分为早、中、晚熟品种。早熟种 60～70 天可以采收,中熟种 80～110 天可以采收,晚熟种 120～150 天可以采收。

对于国外胡萝卜品种,欧美等国把主要栽培种分为以下 5 类:阿姆斯特丹型(Amsterdam Type)、南特型(Nantes Type)、钱特型(Chantenay Type)、博力克姆型(Berlicum)、秋皇帝型(Autumn King)。阿姆斯特丹型胡萝卜,根为小到中等大小,细圆柱形,心柱细,品质好,表皮光滑,叶簇小,适合密植,为露地早熟栽培品种,主要作为生食与榨汁用。南特型胡萝卜,根中等大小,圆柱形,根肩小,有时根趋向锥形,叶簇中等大小,根的品质与尺寸在阿姆斯特丹型与博力克姆型之间,主要供应鲜食市场与加工罐装食品用。钱特型胡萝卜,根中等大小,圆锥形,具有很好的心柱与肉色,比南特型短,叶簇大小处在博力克姆型与秋皇帝型之间,主要作为鲜食、脱水与罐装食品用。其小型根一般以整根作罐装食品，中等根作切片与鲜食用，大型根一般作脱水蔬菜用。博力克姆型胡萝卜，根型大，圆柱状或稍有些圆锥状，品质比阿姆斯特丹型好，很少有裂根，根的内部很少变绿色。秋皇帝型胡萝卜，根巨大，通常为肩粗的圆锥形品种，晚熟，高产，叶簇十分旺盛，比其他类型耐斑驳叶疫病毒，主要是直接供应市场，也可做脱水或加工蔬菜用。

15. 如何选择春播胡萝卜品种？春播胡萝卜品种有哪些？

进行胡萝卜品种选择，需要根据南北方地区气候条件的差异与不同播种季节，选择适宜的品种。春播品种应选用耐抽薹、耐热、品质好、产量较高、中早熟的品种。具体品种有红芯四号、红芯五号、红芯六号、春红一号、春红二号、樱桃人参、春莳鲜红五寸、超级黑田五寸人参、新黑田五寸参、红秀、红映二号、京红五寸、夏莳五寸、红天五寸人参、百日红冠、理想、早春红冠、富士红、红光五寸和红辉五寸等。

(1)红芯四号 杂交种，生育期为100～105天。地上部分长势较旺，叶色浓绿，冬性强，不易抽薹。肉质根尾部钝圆，外表光滑，皮、肉、心鲜红色，形成层不明显；肉质根长18～20厘米，粗5厘米，单根重200～220克；耐低温，低温下膨大快，抗逆性强，667平方米产量为4 000千克左右。华北地区春播一般在3月下旬至4月初进行，大棚保护地可在2月下旬至3月上中旬进行。其他地区春播，可参照当地气温适期播种。

(2)红芯五号 杂交种，生育期为100～105天。叶色浓绿，地上部分长势旺，抗抽薹性较强。肉质根光滑整齐，尾部钝圆，皮、肉、心鲜红色，心柱细；肉质根长20厘米，粗5厘米，单根重约220克，667平方米产量为4 000～4 500千克。胡萝卜素含量较高，为新黑田五寸的2～3倍，每千克胡萝卜含110～120毫克胡萝卜素；

干物质含量高，口感好，适于鲜食、脱水与榨汁等加工用。播期与红芯四号大致相同。

(3)红芯六号 杂交种，生育期为105～110天。地上部分长势强而不旺，叶色浓绿，抗抽薹性极强。肉质根光滑整齐，柱形；皮、肉、心浓鲜红色，心柱细，口感好；肉质根长22厘米，粗约4厘米，单根重约200克，667平方米产量约4 000千克；胡萝卜素含量为新黑田五寸的3～4倍，每千克胡萝卜含胡萝卜素140～170毫克，其中β-胡萝卜素含量为100～120毫克，是适合鲜食与加工的理想品种。适合我国大部分地区春季露地播种或南方地区小拱棚越冬栽培。

(4)春红一号 生育期为100～105天。冬性强，根部膨大快，着色早；肉质根皮、肉、心鲜红色，心柱细，根尾部钝圆；根长18～20厘米，粗约5厘米，单根重200～220克。品种适应性强，口感好，667平方米产量约4 000千克。华北地区在3月下旬至4月初露地播种。

(5)春红二号 早熟耐热品种。生育期为90天左右。根形为整齐的柱形，表皮光滑，皮、肉、心均为鲜红色；根长18厘米，直径5～6厘米，667平方米产量为3 500～4 000千克左右。适合春夏栽培。在我国适合大部分地区春播栽培，华北地区北部春露地栽培可在4月初进行，华北地区南部春露地宜在3月下旬播种。

(6)樱桃人参 春播90天、夏播80天可收获。根深橙色，抗黑腐病。根长5～6厘米，粗约4厘米，根重50～60克。可生食或煮食。最适于春季播种，也可夏季播种。

(7)春莳鲜红五寸 极耐抽薹、品质优良的五寸人参；根部鲜红色，典型"三红"品种，根形好，整齐度高，根长20厘米，根重200～250克。畸形根少，不易出现青头。最适于春播，也可用于夏、秋播。

(8)超级黑田五寸人参 日本品种，生育期为100～110天。

根形良好，肉质根深橙红色，上下粗度一致，收尾较好。皮、肉、心柱色泽一致，根长18～20厘米，粗5厘米左右，单根重300克左右。表皮光滑，质脆，味甜，适于鲜食、加工和出口。平均每667平方米产量为4000～5000千克左右。春、秋两季均可栽培。

(9)新黑田五寸参 日本品种，生育期为100～110天，已在我国推广栽培多年。肉质根橙红色，皮肉心色泽一致，长圆锥形；根长18～20厘米，根粗3～3.5厘米，单根重110克左右，最大可达800克以上；表皮光滑，质地脆嫩，味甜汁多，适宜鲜销或加工，是我国目前重要的保鲜出口品种。该品种春、秋两季均可栽培。秋季栽培每667平方米产量为4000～5500千克，最高可达6000千克以上。

(10)红秀 春播杂交一代品种，生育期为90～100天。根尾部钝圆，根长18～20厘米，单根重250克左右。肉质根皮、肉、心部均为鲜红色，胡萝卜素含量高，根部出土少，青头、黑头现象少，商品性好。适合春播。

(11)红映二号 黑田系杂交种，播种期的幅度大。比常规品种抽薹晚，耐热，抗病性强，低温着色好。根形整齐，近似圆柱的五寸型品种。生长速度快，根重可达200～250克。特别适合春播，也可以夏播，夏播约85～90天收获，

(12)京红五寸 生育期为100～110天，中早熟，生长健壮，耐热性强，冬性较强，抗黑斑病。植株生长势旺，叶丛直立，根长18～22厘米，根粗5～6厘米，单根重200～300克。根长圆柱形，表面光滑。皮、肉及心柱均为橙红色，胡萝卜素、糖及各种矿物质成分含量高，口感及品质好，适合鲜食、干制和加工饮料等。可春、夏、秋栽培，每667平方米产量为4000～5000千克。北方地区春季以保护地栽培或地膜栽培为佳，南方地区可露地或保护地栽培。

(13)夏莳五寸 日本品种。冬性强，耐抽薹，抗逆性强，比新

黑田五寸早熟5～10天，口感及品质均优于新黑田五寸。叶从直立紧凑，适宜密植。根形整齐一致，肉质根长18～20厘米，根粗5～6厘米，平均单根重300克，品质极佳，是鲜食和加工的理想品种。适合春、夏播，667平方米产量达5 000千克以上。

(14)红天五寸人参 综合抗逆性强，极耐抽薹，低温下根茎肥大。该品种肉质根皮、肉、心柱均为鲜红色，根长23厘米，长筒形，根眼极浅，表皮圆整光滑，顶小，肩自根部差距小，锥形体少，收尾好。商品性好，质脆味甜，汁多，风味极佳，是鲜食、榨汁、脱水加工出口的优良新品种。豫东地区可春、夏、秋多季种植，盛夏种植最适，适种范围广、适播期长。春季播种以在3月上旬为宜，肉质根重200克左右，生育期为80～90天，667平方米产量约2 500千克。盛夏播种以7月上旬为宜，一般根重300克，生育期为90～100天，667平方米产量约4 000千克。

(15)百日红冠 品种中早熟，生育期为95～100天。地上部叶色绿，长势强而不旺，肉质根春季着色极快。肉质根圆柱形，皮、肉、心呈浓鲜红色，三红率极高，心柱极细，形成层无黄圈。根长比黑田类品种长3～4厘米，根长22～25厘米，粗5厘米，单根重250～300克，畸形根极少，商品率高。产量高，667平方米产量在5 000千克以上。抗病。胡萝卜素含量高，口感好，品质优良，是适合鲜食和加工用的理想品种。适合早春露地种植。

(16)理想 生育期为100天左右。根肥大，长约19厘米，粗约5厘米，根端直，单根重约300克。外皮光滑，皮色和肉色红艳，心柱细，口感甜美，667平方米产量在4 000千克以上。适合春播和秋播。

(17)早春红冠 由韩国农友BIO选育的春播杂交种，生育期为95天左右，根皮、肉、心均为鲜红色，根长20～24厘米，单根重250克左右，叶直立生长，较小，深绿色，根皮光滑，根部收尾好，成品率高。

(18)富士红 一代杂交种，肥大快速的早生品种，抽薹晚，春、夏播均可。根形端正笔直，皮、肉、心部浓红色且有光泽，播种后100天左右，根长可达18～20厘米，根重180克左右。

(19)红光五寸 一代杂交种，根圆柱形，皮、肉、心浓红色且有光泽，根肥大性良好，播后100天根长可达16～18厘米，根重180克左右。适合春、秋播种。

(20)红辉五寸 耐热，抗病性强，抗抽薹，根形整齐，肩部膨大，根部收尾好，三红，肉质柔软，口感好，胡萝卜素含量高。播种100天左右，单根重可达300克以上，是适合鲜食、加工和出口的优良品种。适合春、夏、秋播种。

(21)新胡萝卜一号 新疆石河子蔬菜研究所从地方品种变异株选育而成的鲜食和加工兼用品种，生育期为100～110天。生长势强，株高50～60厘米，叶簇直立，叶色深绿，叶面有茸毛。肉质根圆柱形，表皮光滑，皮、肉、心均为橙红色。根长14～16厘米，根粗4～5厘米，单根重120～140克，畸形根少。质地脆甜，水分适中，耐贮藏。适合春、秋两季栽培。

16. 如何选择秋播胡萝卜品种？秋播胡萝卜品种有哪些？

夏、秋播品种对冬性强弱没有严格的要求，应选用耐热、耐旱、优质、抗病、高产、外观漂亮的钝尖型品种。秋播品种除上述春播品种外，还有郑参一号、郑参丰收红、天红一号、托福黑田五寸、冬越鲜红五寸、改良黑田五寸、青选黑田五寸、新红胡萝卜、五寸人参、日本红勇人2号、红心七寸参、菊阳五寸参、金红四号、金红五号、天红二号、金笋636、金红一号、因卡和超甜小胡萝卜等。

(1)郑参一号 为郑州市蔬菜研究所育成的新型优良胡萝卜品种。株型半直立，裂小叶排列较密，株高中等，地上部分生长势较强。肉质根圆柱形，商品率高，根长20厘米，根粗5厘米，皮、肉、心均为鲜橙红色,心柱较细。单根重 300～400 克,667 平方米产量为 4 000～6 000 千克。鲜食脆甜,更适宜加工。

(2)郑参丰收红 为郑州市蔬菜研究所育成的三红棒状胡萝卜新品种。中早熟,生育期为 105 天左右。肉质根近柱形,顶小,畸形根少,根毛少,表皮光亮,皮、肉、心柱均为红色,心柱细,商品率高,根长 20～25 厘米,根粗 5 厘米左右,单根重 300～400 克,667 平方米产量 4 000 千克左右,高产可达 6 000 千克以上。品质优良,商品性佳,口感脆甜,是鲜食和加工的理想品种。在河南部分地区可用于春播,但需引种成功后再做推广。

(3)天红一号 为三系配套杂交品种,生育期为 100～105 天。植株生长势强。植株叶丛直立,深绿,有 8～11 片叶。肉质根根形整齐,表皮光滑,呈圆柱形,皮、肉、心均为红色,根长约 16.7 厘米,根粗约 3.18 厘米,平均单根重 121.82 克,667 平方米产量为 3 500 千克左右。胡萝卜素含量为 113 毫克/千克,质脆,味甜,口感好,是鲜食及榨汁用品种,适合夏、秋季种植。

(4)托福黑田五寸 为耐热抗病、生长旺盛和根肥大快的夏播专用品种,生育期为 105～120 天。根近圆柱形,心柱小,"三红"率极高,根长约 20 厘米,根重 300 克以上,产量高。品质优良,市场性极佳。最适于中间地盛夏播种,年前收获。也可用于暖地晚夏播种,冬春收获。

(5)冬越鲜红五寸 为根部不露出地面、耐热抗病和越冬性良好的五寸人参胡萝卜。植株长势强,耐热抗病,容易栽培。根部鲜红色,典型"三红",品质佳,根长约 20 厘米,越冬性强,不易腐烂。最适于冬播,至 4 月份收获;也可用于暖地夏播冬收。

(6)改良黑田五寸 生育期为 100～110 天。耐热性强,生长强健。根部圆筒形,皮、肉、心深橙红色,心柱小,根着色、肥大快,收获时根长约 22 厘米,单根重约 350 克,丰产,商品性好,品质优良。适合于初夏播种栽培。

(7)青选黑田五寸 生育期为100～110天。植株长势强，抗性强，叶子呈绿色。根呈圆筒形，尾部紧缩，表面光滑，根长20～21厘米，根粗5厘米，皮、肉、心深橘红色，心柱细，着色良好，肉质好，单根重300～350克。适合秋播。

(8)新红胡萝卜 中早熟，生育期为100～110天，耐热性强，不易抽薹。肉质根长圆锥形，长18～20厘米，畸形根发生率低。肉质根皮、肉、心橙红色，心柱小；品质脆嫩，胡萝卜素、糖及各种矿物质营养成分含量较高，是鲜食、加工两用品种。

(9)五寸人参 生育期100天左右。植株生长旺盛。肉质根圆锥形，皮肉心橙红色，心柱较细，品质优良，单根重100～150克，667平方米产量为4000千克左右。

(10)日本红勇人2号 日本品种。生育期约105天。株高48厘米，开展度为56厘米，株形较直立，不易相互遮荫。叶小，淡绿色，抗叶枯病。单株总叶片数为14～16片。根长18～20厘米，单根重200～250克。根近圆筒形，收尾良好，皮、肉、心浓鲜红色，三红率高，口味佳，耐贮运，商品性好，少青头。667平方米产量约2650.1千克。

(11)红心七寸参 美国品种，中晚熟。根长20～25厘米，根粗7～9厘米，皮、肉、心橙红色，单根重300～500克，品质好，表现佳。

(12)菊阳五寸参 日本品种，品种特性与新黑田五寸参相近。最大单根重达1400克以上，丰产，667平方米产量为5000千克左右。

(13)金红四号 杂交品种，生育期为120天左右。生长势强，叶簇直立。肉质根的皮、肉、心均为橙红色，肉质根整齐，圆柱状，根长17.5～18.5厘米，粗5.0～5.5厘米，单根重260～270克，β-胡萝卜素含量为81.4毫克/千克，商品率高，品质好，适宜鲜食和加工。抗黑斑病。丰产，一般667平方米产量为4500～5500千克。适宜我国北方地区夏、秋季栽培。

(14)金红五号 为采用瓣化型雄性不育三系配套技术选育出的胡萝卜一代杂种，生育期为120天左右。植株生长势强，叶簇直立。肉质根圆柱形，皮、肉、心均为橙红色，根长17～18厘米，根粗5.0厘米左右，单根重250克左右，β-胡萝卜素含量为96.0毫克/千克，含水量为91%，商品率高，品质好，是较为理想的加工品种，尤其适宜鲜榨汁。667平方米产量为5 000千克左右，适宜我国北方地区夏播。

(15)天红二号 为用雄性不育三系配套技术选育出的一代杂种。植株生长势强，株高60～65厘米，叶丛直立，深绿，有8～10片叶。肉质根根形整齐，表皮光滑，圆柱形，根尖圆形，皮、肉、心均为橘红色，根长18～20厘米，根粗3～4厘米，单根重150～170克，每667平方米产量在4 000千克以上；β-胡萝卜素含量为113.64毫克/千克，干物质含量为12.13%，可溶性固形物含量为10.33%，加工品质优良。适合夏、秋季种植。

(16)金笋636 日本品种。晚熟，生育期为150～155天。抗寒耐热性强，不易抽薹。植株矮小，叶色绿，茎叶硬立，裂叶小，不易相互遮荫。肉质根近圆柱形，尾钝；三红品种，皮、肉、心橙红色，口味佳；根长17～20厘米，根粗3.5～4.0厘米，单根重150～200克，最重可达330克。不易裂根，耐贮运，加工及鲜食商品性好，成品率高。一般667平方米产量达5 000千克左右。

(17)金红一号 中晚熟，生育期为110天左右。叶簇直立，叶柄长，叶绿色。肉质根长圆柱形，根长16～17厘米，根粗4.3～5.0厘米。皮、肉、心均为橙红色，单根重180～240克。品种生长势强，产量高，品质好，抗病性强，耐密植，适应性强。

(18)因　卡 美国品种。极早熟杂交种，生育期为80天左右。株高40～50厘米，根长约17厘米，根顶部直径为3.8厘米，单根重150～200克。根头大，根尾细而无尖。表皮光滑，肉色佳，鲜食与加工品质好。较抗病。适合夏、秋季种植。

(19)超甜小胡萝卜 小型生食品种,播种后60～80天收获。根形圆筒形,根长12～14厘米,根粗1.3～1.6厘米,单根重20～25克,肉色鲜红,肉质细密,甜脆,是餐桌上的美容、健康食品。

17. 无公害胡萝卜、出口胡萝卜各有哪些商品性要求?

无公害胡萝卜要求肉质根成熟适度,大小一致,根形正常、清洁,无明显腐烂、病虫害和机械损伤等缺陷,品质上要求皮、肉、心颜色比较一致,质细味甜,脆嫩多汁,表皮光滑,形状整齐,心柱细,肉厚,不糠,符合《中华人民共和国农药管理条例》卫生要求的规定。其卫生要求如表1所示。

表1 无公害胡萝卜卫生要求

序号	项目	指标(毫克/千克)
1	乐果(Dimethoate)	≤1
2	敌百虫(Trichlorphon)	≤0.1
3	多菌灵(Carbendazim)	≤0.5
4	百菌清(Chlorothalonil)	≤1
5	氰戊菊酯(Fenvalerate)	≤0.05
6	铅(Pb)	≤0.2
7	汞(Hg)	≤0.01
8	镉(Cd)	≤0.05
9	亚硝酸盐(NaNO2)	≤4

出口胡萝卜多为保鲜胡萝卜和速冻胡萝卜。出口保鲜胡萝卜,要求形状良好,根体整齐,色泽美观,外表干净。肉质根肥大,

表面光滑，长15厘米以上，粗2厘米以上，皮、肉、心均为红色，心柱细。质地脆，无苦味。根头小，没有青头、开裂、分杈、病虫害、机械损伤和霉变等缺陷。出口速冻胡萝卜，要求肉质根肉色红，表皮光滑无沟痕，根形直，肉质柔嫩，心柱小，大小均匀，无病虫害，无损伤，无腐烂变质，无斑痕，充分成熟。同时，出口保鲜、速冻胡萝卜时，都要遵守国家的检疫制度，达到进口国家对胡萝卜产品农药残留限量的规定指标。

18. 胡萝卜种子国家标准是什么？

随着我国种子产业体系的逐步健全和完善，种子市场的逐步规范，国家对蔬菜良种的质量提出了明确的标准，并根据相应指标进行了等级划分。胡萝卜种子的国家标准如表2所示。一般正规种子的包装袋上，要标注有关指标，并对相应的品种特征特性、栽培要点和注意事项，作出简要说明，并有正规厂家名称、地址和联系方式。买种子时，一定要仔细辨认这些内容，以防买到假种子，给生产带来损失。

表2　胡萝卜良种的国家标准　（单位：%）

蔬菜名称	级　别	纯　度（不低于）	净　度（不低于）	发芽率（不低于）	含水量（不高于）
胡萝卜	原　种	99	90	85	10.0
	一级良种	97	90	85	10.0
	二级良种	92	85	80	10.0
	三级良种	85	80	75	10.0

19. 胡萝卜引种要遵循那些原则？如何引种？

(1)引种的原则　胡萝卜引种要遵循以下原则：

①品种的适应性　不同的品种是在不同的地区选育而成，它们的适应能力和适应范围都会有所差别。当引种地环境不适合时，即使是优秀的品种也会生长发育不良，给引种者造成损失。因此，引种时必须使所引品种的适应性与当地的生态条件相一致。

②实际栽培季节气候的相似性　一般纬度相同、气候条件接近的地区间的引种，比经度相近而纬度不同的南北地区之间的引种更容易成功。海拔高度不同的地区，温度和日照有差异，海拔每升高 100 米，温度降低 1℃；因此，同纬度海拔相差太大的地区引种不易成功，而纬度偏高的低海拔地区与纬度偏低的高海拔地区相互引种则较容易成功。

③生态环境的相似性　不同的品种对气候、土壤、生物、地理、人为等不同的生态环境有不同的反应，从生态环境相似的地区之间相互引种，要比不同生态环境地区之间的引种更容易成功。

(2)引种的方法　首先，要对本地诸如气候、土壤、生物、地理等自然条件和已栽品种，有个深入的了解，明确现在品种所存在的问题，确定引种的目标，以求解决生产中正急需解决的问题。其次，要根据当地的生态环境条件，选择适宜的引种地区进行引种。第三，引种到当地后，要对所引的品种进行小面积的观察试验，和当地主栽品种进行比较试验，选出适合当地种植的丰产优质的品种，或者是虽然产量低但品质特别优秀的品种，再进行大面积生产。

四、提高商品性的胡萝卜栽培方式

20. 胡萝卜栽培方法主要有哪些？

胡萝卜的主要栽培方法为露地栽培，随着栽培技术的提高和市场的需要，许多地区已经开展反季节保护地栽培，主要是春季保护地栽培，包括双膜覆盖栽培、早春塑料小拱棚、大棚栽培等。露地栽培除纯作外，还可以与其他蔬菜、粮食或果树进行间作套种。

21. 胡萝卜有哪些栽培方式？哪种方式更有利于提高胡萝卜的商品性？

栽培时，胡萝卜要整地做畦，目的主要是控制土壤中的含水量，便于灌溉和排水，对土壤的温度和空气条件也有一定的改进作用。栽培方式一般有平畦、高畦和高垄栽培三种。

(1)平畦栽培 指在土地耙平后，不做畦沟或畦面，即在平地面上进行胡萝卜栽培。适合于排水良好，雨量均匀，不需要经常灌溉的地区。平畦可以减少工作量，节约畦沟所占的面积，提高土地利用率，增加单位面积产量。这种方式多在北方地区采用，南方多雨地区不宜采用。

(2)高畦栽培 高畦的畦面高于地面。能够提高土壤温度，降低土壤表面湿度，增厚耕作层。畦面一般宽1～3米，高15～20厘米，畦面较宽时可以在中间开一浅沟，以便于操作和排水。长江以南降雨充沛、地下水位高、或排水不良的地区，多采用此法。

(3)高垄栽培 高垄可以说是一种狭窄的高畦。能够增厚耕作层，提高土壤温度，便于操作和灌溉、排水，比其他栽培方式更有利于提高胡萝卜商品性。例如土层较薄、多湿、排水稍差、土壤质地较黏重的地块,就宜做高垄栽培。北方地区平畦栽培虽然比较省人力,单位面积产量较大,但胡萝卜产量一般,而且不太稳定,商品性不及高垄栽培。而高垄栽培,在雨水多时利于排水降湿,避免渍害,增加土壤透气性,通风性能也好,能使胡萝卜裂根减少,商品率高,优质高产。因此,目前北方和南方大部分地区都提倡高垄栽培。

总之,北方少雨地区多采用平畦、高垄栽培,南方多雨地区多采用高垄、高畦栽培,各地要根据具体地况决定胡萝卜的栽培方式。

22. 平畦栽培胡萝卜应如何做畦和播种?

进行胡萝卜平畦栽培,具体操作方法是:地耙平以后,起畦,平畦宽1～1.5米,长度随地况而定。不要太长,太长整平畦面不容易,浇水也不方便。用锄挑成畦与畦之间的走道,20厘米宽,5～10厘米高。畦面要平整,表土要细碎。播种可以选择条播或撒播。条播行距以15～20厘米为宜,定苗时株距为10～15厘米。播种均匀后盖土约1厘米厚,然后踩平镇压,浇水。撒播时,将种子与湿沙(或小白菜种子)等混匀,然后均匀撒播于畦面。播种后搂平,让种子和土壤混匀。然后踩平镇压,小水慢浇至土壤充分湿润。定苗时,株行距以10厘米×10厘米或12厘米×12厘米较为适宜。有些地方也可以用小麦播种耧开沟,每种两行,隔一沟槽再种两行。依此类推,形成宽窄行,宽行宽40厘米,窄行宽15～18厘米。

23. 高垄栽培胡萝卜如何起垄和播种?

进行胡萝卜高垄栽培的方法是:起垄,通常垄距50～60厘米,垄顶宽约30～40厘米,垄高15～20厘米左右。踩实垄面后,用耙子搂平，使表土细碎。每垄条播 2 行，行距 15～20 厘米，开沟深 2～3 厘米左右，播种，覆土 1.5～2 厘米厚，镇压；然后沿垄沟浇水。浇水要浇透，否则胡萝卜不容易出苗。

24. 什么是胡萝卜的间、套作？间、套作种植有哪些优点？

胡萝卜和其他蔬菜隔畦、隔行或隔株同时有规则地种植在同一块土地上，称为“间作”；不规则地和其他蔬菜混合种植称“混作”。前作蔬菜生育后期在它行间或株间种植后作蔬菜，前后作共生的时间较短，称为“套作”。

因地制宜进行合理的胡萝卜间套作种植，会创造合理的田间群体结构，配以相应的技术措施，这样能使单位面积内植株总数增加，能有效地利用光能和地力、时间和空间，创造胡萝卜和其他蔬菜相互有利的生长环境。

25. 胡萝卜间作套种的常见模式有哪些？

胡萝卜间作套种有很多模式。秋季栽培可采取多种套种方式，例如在南方地区，低龄树林、低龄果园、吊瓜园、葡萄园和桑树地等套种胡萝卜，可利用高秆植物前期遮荫降温，以利于胡萝卜出苗与齐苗，保证在 9 月底前后能使胡萝卜有足够的光照，因而获得高产。其他在各地常用的间套作模式，还有菜薯瓜立体高效复种模式、洋葱－辣椒－胡萝卜高产栽培模式、胡萝卜套种玉米模式、春播棉花－胡萝卜高产高效间作套种模式、马铃薯－玉米－胡萝卜一年三熟高效种植模式等。每种模式栽培技术要点见下章。

五、提高商品性的胡萝卜田间栽培环境管理

26. 胡萝卜的生长时期分为哪几个阶段？对田间管理分别有什么要求？

胡萝卜的生长时期，分为营养生长和生殖生长两个时期，营养生长时期又分为发芽期、幼苗期、叶生长盛期和肉质根生长期。各个生长期的特点和对管理的要求如下：

(1)营养生长期

①*发芽期*　从播种到子叶展开，真叶露心，一般需要 10～15 天。这一时期要求从水分和温度上创造良好的发芽条件，保证出苗齐，出苗全。

②*幼苗期*　从真叶露心到 5～6 片叶，一般需要 25 天左右。这一时期幼苗生长比较缓慢，对生长条件的反应比较敏感，抗杂草能力差，所以要有肥沃湿润的土壤条件，并及时清除田间杂草，以保证幼苗茁壮成长。

③*叶生长盛期*　又叫莲座期或肉质根生长前期，一般需要 30 天左右。这一时期叶面积扩大，同化产物增多，肉质根开始缓慢生长，但同化产物主要提供给地上部。所以，这个时期要注意地上部和地下部的平衡生长，肥水供给不能过大，要保证地上部叶子“促而不要过旺”。

④*肉质根生长期*　一般需要 30～50 天，占整个营养生长期 2/5 左右的时间。这一时期肉质根的生长量开始超过茎叶的生长

量，新叶生长，老叶死亡，叶片维持一定数量，保持最大的叶面积，创造光合产物供肉质根膨大。所以，要充分满足胡萝卜对肥水的需求，及时追肥浇水，在施氮肥的同时增施钾肥，经常保持土壤湿润，保证地下部的生长。

(2)生殖生长时期　这个时期，胡萝卜经过冬季低温时期，通过低温春化阶段，第二年春夏季抽薹、开花和结果。

27. 胡萝卜田间栽培环境管理具体包括那些内容?

影响胡萝卜生长发育的气候条件主要是温度；田间环境条件主要是水分和土壤(即土壤类别、田间浇水和施肥)，这些外界环境条件的综合作用，决定着胡萝卜的生长发育和肉质根的商品性。具体到田间管理措施上，就是针对胡萝卜生长期间的温度、水分、光照、土壤、肥料、整地、施肥、播期、种子处理、种植密度、除草、浇水和追肥等各方面工作，进行具体的科学管理。

28. 温度对胡萝卜的商品性有何影响?

在影响蔬菜生长发育的环境条件中，以温度最为敏感。每一种蔬菜对温度都有一定的要求，即温度“三基点”：最低温度、最适温度和最高温度。如果超出了最低或最高的范围，生理活动就会终止。所以对蔬菜生长发育适应温度范围要有认识，适当安排生长季节，才能种植蔬菜成功。

胡萝卜为半耐寒性蔬菜，不能长期忍受－1℃～－2℃的低温。从播种到发芽一般为10～15天，种子发芽在4℃～6℃时就能萌动，但发芽很慢。最适温度为20℃～25℃。幼苗适应性强，在短期－1℃～－2℃或27℃～30℃高温下，仍能正常生长。生长的适宜温度为昼温18℃～23℃，夜温13℃～18℃，地温18℃。肉质根膨大的适宜温度为18℃～25℃，高于24℃时生长比较缓慢。

温度不仅影响种子的发芽，而且影响胡萝卜根的颜色深浅。肉质根在生长过程中，温度适合，越接近成熟，胡萝卜素含量越高，其颜色也逐渐加深。当土温在10℃～15℃时，根的颜色比较浅，肉质较差。其合适的土温为21℃～27℃。

29. 水分对胡萝卜的商品性有何影响？

胡萝卜叶蒸腾作用弱，是根菜类蔬菜中抗旱力强的蔬菜。胡萝卜对水分的要求：一是不能缺水，缺水将减慢胡萝卜的生长，如果严重缺水，胡萝卜会停止生长。如果土壤和空气过分干燥，肉质根则会变得细小、粗糙，外形不正，质地粗硬，品质差。如果水分供应不均匀，肉质根还容易开裂。二是土壤水分也不能太多，浇水过勤会造成土壤中空气稀薄，根处在无氧呼吸的状态，时间长了就会产生沤根和烂根。一般土壤含水量应保持在60%～80%。

30. 光照对胡萝卜的商品性有何影响？

大自然中，生物大多都离不开太阳光照。胡萝卜是长日照植物，属于中等光照强度植物。太阳光中的红光被植株叶绿素吸收最多，能加速长日照作物的发育，作用最大；黄光次之。如果光照不足，就会引起胡萝卜叶柄伸长，叶片变小，下部叶片营养不良，从而提早衰亡。在肉质根膨大期间，如果植株过密，遮荫，就会导致胡萝卜低产和品质差，从而影响其商品性。

31. 提高胡萝卜的商品性应选择什么样的土壤？

胡萝卜根系深，分布广，叶子小，蒸发量小，较耐干旱；但不耐湿，怕积水；喜欢肥沃、富含有机质的土壤。无公害栽培时应选择地处远郊，地块附近没有产生污染的工、矿企业，未施用过有毒、有害物质，在灌溉上不使用地表水，田间排灌系统健全，距国道100米以上，不受空气灰尘污染，交通便利，土层深厚、富含有机质、孔隙度大的砂质壤土和 pH 值 5～8、前茬没有种过伞形科蔬菜的壤土。土壤 pH 值 5 以下时，胡萝卜生长不良。此外，近几年内使用过呋喃丹等高残留农药的地块，不适宜种植加工出口胡萝卜。

一般土壤含水量应该保持在 60%～80%，才能保证所种植的胡萝卜肉质根颜色鲜艳，侧根少，表皮光滑，质脆。如果将胡萝卜种植在黏重或排水不良、透水透气性差、土层浅或杂物多的土壤中，胡萝卜会出现产量低、外皮粗糙、色淡、根小、裂根、分杈等现象，严重影响商品性。如果把它种植在土层深厚而疏松、排水良好的土壤中栽培，则肉质根长而光滑，分杈少，商品性好。在胡萝卜生长期内，维持土壤的疏松、肥沃和湿润，是促进根系旺盛生长，保证地上部叶面积扩大和肉质根肥大的首要条件。

32. 如何进行土壤消毒？

进行胡萝卜无公害栽培和生产出口胡萝卜时，对于重茬和土壤病虫害严重的地块，应该进行土壤消毒。其消毒方法如下：

(1)翻晒加石灰消毒法　将胡萝卜地内和四周的杂草、前茬残体铲除干净，集中到地边一处，加石灰分层堆积或集中烧毁，消灭前作病原菌和虫源。

(2)水层加石灰淹没法　将地里所有杂草及杂物统统铲除，集中到地边烧毁，然后把水放进地块，水层要盖住地面，然后每 667 平方米撒施石灰 60～75 千克，使水面形成一层薄氧化钙膜，并不断补足水，使田间持续保持水层 7～15 天。这样可起到碱液杀菌，水层、钙膜淹闭闷杀病菌和地下害虫等作用；同时还可以保持土壤结构状态，离水后土壤持水少，不黏，有利于耕翻和起畦。

(3)农药喷施　为防治地下害虫和根结线虫危害，在施完肥后，每 667 平方米用 40%辛硫磷乳油 500 毫升加水 30 升，配制药液喷施土表。

33. 栽培胡萝卜适宜选择哪些前茬作物的地块?

胡萝卜忌连作。生产中要合理轮作，就是利用寄主植物和非寄主植物的交替，切断寄生性病虫的食物链和其赖以生存的环境，从而防治病虫害。同时可以均衡利用土壤中的营养元素，改善土壤理化特性，促进土壤中对病原物有拮抗作用的微生物的活动，使土壤肥力和土壤环境逐渐得到改善。

适合胡萝卜栽培的前茬作物地块，应是种植非伞形花科蔬菜的地块。前茬种过禾本科或葱蒜类或辣椒的地块，种植胡萝卜的效果最好。栽培胡萝卜的地块，其前茬可以是辣椒、早熟甘蓝、黄瓜、番茄、洋葱、大蒜和豆类，或大田作物，如小麦等。

34. 深耕对胡萝卜的商品性有何影响? 应怎样深耕整地?

整地对于胡萝卜的产量和质量影响较大。胡萝卜肉质根入土深，吸收根分布也较深。如果耕翻太浅或心土坚实，胡萝卜主根就很难深扎，易于弯曲、短小、甚至杈根。所以要深耕整地，当前茬作物收获后深耕一次，剔除土壤中的石块、瓦砾及地膜等不易降解的杂物，晒土。播前结合施入腐熟基肥再翻耕一次，一般耕深25～30厘米，然后细耙。表土要求细碎平整，搂平，以消灭杂草，使土壤疏松，利于播种和种子发芽。

35. 有机肥包括那些肥料? 各有什么特点?

肥料可分为有机肥、无机肥和生物肥。

有机肥主要包括腐熟人畜粪尿、堆肥、厩肥、沤肥、绿肥、饼肥、沼气肥、泥炭和腐殖酸类肥料等。

(1)粪　肥　各种粪肥都含有较多的有机质，如蛋白质、氨基酸、碳水化合物、核酸和各种酶等。人粪尿含有较多的氯离子，对忌氯的块茎、块根类作物施用过多，会降低淀粉和糖分含量。马粪、羊粪比较粗松，有机质含量较多，容易发酵分解，宜施于低温或黏性的菜园土；牛粪和猪粪含有机质较少，但组织细密，水分多，发酵分解慢，效力迟，最好施用在砂壤土和壤土里。

(2)厩　肥　是家畜粪尿和各种垫圈材料混合积制的肥料。北方地区多用土垫圈，称土粪；南方地区多用秸秆垫圈，统称厩肥。新鲜的厩肥要经过腐熟才能施用。厩肥在土壤中能分解产生有机酸，含有较多的纤维素类化合物，可掩蔽黏土矿物的吸附位，提高土壤中磷的有效性。厩肥中钾的利用率也很高，可达60%～70%。

(3)绿　肥　凡用作肥料的植物绿色体均称绿肥。绿肥作物适应性强，生长迅速。豆科绿肥作物可利用生物固氮来增加土壤氮素，非豆科绿肥作物不具备生物固氮能力，但能通过强大的根系吸收土壤深层中和水中的氮素集中于体内，通过施肥而富集于耕作层中。翻压绿肥作物后，可使土壤熟化程度提高，耕性变好，土壤供肥和保肥能力都得到提高。

(4)堆肥与沤肥　农业生产和日常生活中的植物、动物性有机废弃物，在好气条件下经微生物腐解转化而成的有机肥为堆肥；在嫌气或淹水条件下沤制的有机肥为沤肥。堆肥的性质和厩肥类似，有机质含量丰富，富含钾。沤肥含腐殖质多。

(5)秸　秆　秸秆直接还田，主要可以改善土壤理化性质，固定和保存氮素养分，促进土壤中难溶性养分的溶解。

(6)沼气池肥　将植物、作物秸秆及人畜粪尿等有机物，投进沼气池中，进行厌气发酵，产生沼气，一段时期后换料，所换出的沼渣和沼液统称沼气池肥。据研究，沼气池肥的氮、磷、钾含量和有机碳含量，均高于堆、沤肥，所含速效养分高于厩肥，具有良好的改土作用，增产效果明显。沼液可以直接用于各种作物，特别是旱地作物的追肥。近年来，国家在农村大力推广沼气应用，农民受益匪浅。

(7)泥　炭　是各种植物残体在水分过多、通气不良、温度较低的情况下，未能充分分解，经长期累积，所形成的一种较稳定的有机物堆积层，并有泥沙等矿物掺入。此堆积层就称为泥炭，富含有机质和腐殖酸。酸度较大，pH 值为 4.5～6.0，施入酸性土壤时要加入生石灰。泥炭具有较强的吸水性和吸氨力，是垫圈保肥的好材料。

(8)腐殖酸类肥料 以腐殖酸含量较多的泥炭、褐煤、风化媒等为主要原料，加入一定量的氮、磷、钾和某些微量元素制成，如腐殖酸钠和腐殖酸钾等。它可以改良土壤，尤其是对过黏或过砂的低产土壤。与化肥配用，可对氮、磷、钾及微量元素有不同程度的增效作用。对作物的生长有刺激作用，可促进种子萌发，提高种子发芽率。促进根系生长，提高根系吸收水分和养分的能力，增加分蘖或分枝，以及提早成熟。能够增强作物的抗旱能力。

(9)饼　肥 各种含油分较多的种子，经过压榨去油后剩余的残渣用作肥料时称为饼肥。其富含有机质和氮素，并含有相当数量的磷、钾和各种微量元素，是优质有机肥，养分完全，肥效持久。适用于各类土壤。可作基肥和追肥用，作基肥用宜在播种前 2～3 周碾碎后施用，作追肥用时必须经过腐熟。

36. 无机肥包括那些肥料？各有什么特点？

无机肥一般称为化学肥料。目前生产中以氮肥为多，磷、钾肥次之。

(1)氮　肥 大致分为铵态、硝态、酰胺态和长效氮肥四种。硝态氮肥现在已不提倡施用。

①铵态氮肥　包括碳酸氢铵、硫酸铵、氯化铵、氨水、液氨等。

碳酸氢铵：简称碳铵。含氮量为 17%左右，较低。常温下易挥发，有强烈氨臭味。不含对植物和土壤有害的副成分。碳铵的 NH_4^+ 离子较硫铵和氯化铵更易被土壤吸附，不易淋失。可作基肥和追肥，宜深施。

硫酸铵:简称硫铵。含氮量为20.5%~21%,含硫24%。在酸性土壤中不宜长期施用,要配合施用石灰和有机肥料,可降低土壤酸性,防止土壤板结。可作基肥、种肥、追肥施用,一般作追肥用,宜深施。

氯化铵:含氮量为25%~26%,含氯离子65%~66%。使土壤变酸的程度比硫铵严重。对烟草、甜菜、甘蔗、马铃薯、甘薯、葡萄、柑橘等"忌氯"作物不宜施用。可作基肥和追肥,现不常用。

氨水:含氮量为12%~17%。易挥发,有强烈刺激臭味,具腐蚀性。呈碱性,pH值在10左右。可作基肥和追肥,不作种肥。

②酰胺态氮肥　主要包括尿素。尿素含氮量为46%,是固体氮肥中含氮量最高的肥料。可作基肥和追肥施用,宜深施。还可作根外追肥,易被茎叶吸收,浓度为0.5%~2.0%,溶液浓度不能过大。

③长效氮肥　包括尿素甲醛、异丁叉二脲、丁烯叉二脲、硫黄包膜尿素和塑料包膜肥料。生产中不多见,不作介绍。

(2)磷　肥　按其中所含磷酸盐溶解度的不同,可分为难溶性、水溶性和弱酸溶性(枸溶性)磷肥三种。难溶性磷肥包括磷矿粉、鸟粪磷矿粉和骨粉。水溶性磷肥指养分标明量主要属于水溶性磷酸一钙的磷肥,包括过磷酸钙、重过磷酸钙、氨化过磷酸钙等。弱酸溶性磷肥指能溶于2%的柠檬酸或中性柠檬酸铵溶液的磷肥,包括钙镁磷肥、脱氟磷肥、钢渣磷肥、沉淀磷肥和偏磷酸钙等。过磷酸钙,简称普钙。可以集中施用,作基肥、种肥和追肥。可与有机肥料混合施用,也可用于根外追肥。

(3)钾　肥　主要包括氯化钾、硫酸钾、草木灰和窑灰钾肥。其中氯化钾和硫酸钾属生理酸性肥料,易溶于水,肥效迅速,可作基肥和追肥用。草木灰是植物燃烧后的残灰,可作基肥、种肥和追肥,宜集中沟施或穴施。

37. 生物肥包括那些肥料？这些肥料有什么特点？

生物肥料，是指一类含有大量活的微生物的特殊肥料，包括根瘤菌、固氮菌、磷细菌和钾细菌等。这类肥料施入土壤中，大量活的微生物在适宜条件下能够积极活动，有的可在作物根的周围大量繁殖，发挥自生固氮或联合固氮作用；有的还可分解磷、钾矿质元素，供给作物吸收，或分泌生长激素，刺激作物生长。生物肥不是直接供给作物所需要的营养物质，而是通过大量活的微生物在土壤中的积极活动，来提供作物所需要的营养物质，或产生激素来刺激农作物生长，这与其他有机肥料和化学肥料的作用在本质上是不同的。

生物肥料的主要作用，在于通过细菌的活动，扩大肥料的来源。如各种固氮菌肥料，可以增加土壤中的氮素来源；解磷解钾菌肥料，可以将土壤中难溶性的磷、钾溶解出来，增加土壤中磷、钾元素的来源。另外，生物肥料还能促进作物的生长，改善农产品的品质。各种生物肥施入土壤中，都能产生不同的生长激素，刺激作物的生长，如“5406”放线菌生物肥，不但有拮抗病原菌、防病壮苗的作用，还能分泌细胞分裂素，促进作物生长。真菌类的生物肥不仅在协助作物吸收磷、锌及铜等矿质元素方面有很强的作用，还有增强作物的吸水、保水以提高作物抗旱能力的作用。由于生物肥料能制造和协助作物吸收利用多种营养元素，因此对农产品的品质有很大的改善，可以改变因施化肥而产生的“瓜不香，果不甜，茶无味”的现状，使农产品各项指标达到绿色食品的标准。

38. 叶面追肥可用那些肥料？对作物有什么好处？

适合作叶面追施的肥料，通常称作叶肥、叶面肥或叶面营养液。蔬菜上常用的叶面肥有尿素、硫酸钾、过磷酸钙、磷酸二氢钾、硼砂、钼酸铵、硫酸锌、米醋、蔗糖、稀土微肥以及草木灰浸出液等。

这些肥料具有性质稳定、不损伤叶片、利于叶片吸收等特点。

叶面追肥作为一种辅助手段，是对根部追肥有力的补充，对作物生长有很大好处。一是可使作物通过叶部直接得到有效养分，而采用根部追肥时，某些养分常因易被土壤固定而降低植株对它们的利用率。二是叶部养分吸收转化的速度比根部快。以尿素为例，根部追施 4～5 天才能见效，而叶面喷施当天即可见效。三是可以促进根部对养分的吸收，提高根部施肥的效果。四是对叶面喷施某些营养元素后，能调节酶的活性，促进叶绿素的形成，使光合作用增强，有利于提高产量，改善品质。总之，叶面追肥是一种成本低、见效快、方法简便、易于推广的施肥方法。但作物吸收矿质营养主要依靠根部，追肥应以根部施肥为主；采用叶面追肥必须在施足基肥并及时追肥的基础上进行。只有这样，才能取得理想的效果。

叶面追肥以磷、钾肥为主，如 0.2％磷酸二氢钾溶液、过磷酸钙及草木灰浸出液等。同时，还可根据土壤中微量元素的缺乏状况，喷施微量元素肥料。如胡萝卜喷洒 2～3 次 0.1％～0.2％硼砂溶液，既可以增加产量，又能预防糠心，提高品质。

39. 蔬菜叶面追肥要注意哪些问题？

对蔬菜进行叶面追肥，要注意以下五个问题：

(1)喷洒浓度要合适 一定要控制好喷洒浓度。浓度过高，很容易发生肥害，造成不必要的损失。特别是微量元素肥料，蔬菜从缺乏到过量之间的临界范围很窄，更要严格控制；浓度过低则收不到应有的效果。

(2)喷洒时间要适宜 影响叶面追肥效果的主要因素之一，是肥液在叶面上的湿润时间；湿润时间越长，叶面吸收的养分越多，效果也就越好。因此，叶面追肥一定要根据天气状况，选择适宜的喷洒时间，一般以晴天的早、晚或阴天为好。雨天或雨前不能进行叶面追肥；喷后3小时内遇雨，要等天晴后补喷一次，但喷洒浓度要适当降低。

(3)肥料混用要得当 叶面追肥时，将两种或两种以上的叶面肥合理混用，其增产效果会更加显著，并能节省喷洒时间和用工。但肥料混合后必须无不良反应或不降低肥效，否则达不到混用的目的。另外，肥料混合时还要注意溶液的浓度和酸碱度；一般情况下，溶液的pH值在6～7时有利于叶部吸收。

(4)喷洒质量要保证 叶面追肥要求雾滴细小，喷洒均匀，尤其要注意喷洒生长旺盛的上部叶片和叶片的背面。因为新叶比老叶、叶片背面比正面吸收养分的速度快，吸收能力强。

(5)要在肥液中添加湿润剂 一般作物叶片上都有一层厚薄不一的角质层，溶液渗透比较困难，因此，可在叶肥溶液中加入适量湿润剂，如中性肥皂、质量较好的洗涤剂等，以降低溶液的表面张力，增加与叶面的接触面积，提高叶面追肥的效果。

40. 栽培胡萝卜应怎样选择肥料？

胡萝卜生长前期对营养物质吸收较慢。随着肉质根迅速生长，才大量吸收营养物质。对新鲜的厩肥和土壤中肥料溶液浓度过高都很敏感。生产1 000千克胡萝卜所需肥的比例N∶P∶K为3.1∶1∶5，一般667平方米生产5 000千克胡萝卜，需N量为15千克，需P_2O_5量为5千克，需K_2O量为25千克。肥料的选择要根据胡萝卜的营养吸收特性、当地土壤特性、前作物施肥情况和幼苗生长情况而定。在胡萝卜的整个生长期，施肥要以有机肥为主，化肥为辅，基肥要占总肥量的70%。目前一般选择有机肥或农家肥和复合肥混用。为保证生产优质、高产的胡萝卜，特别要注意施用钾肥。追肥一般选用碳铵、尿素和磷酸二氢钾等。同时在生产过程中要适量施用生物肥和叶面肥。施肥时要确保不对环境和作物产生不良后果，并使足够数量的有机肥返回土壤中，增加土壤有机质的含量，提高土壤生物活性，改善土壤理化性状和生态环境。

41. 胡萝卜栽培中应怎样选择和施用基肥？

基肥是在作物播种前或定植前所施的肥料。目前田间基肥以有机肥为主，大多施用厩肥、堆肥和人粪尿等。这些肥料在施用之前一定要经过充分发酵和腐熟，否则容易传播杂草和病虫害，影响作物产品的商品性。

胡萝卜地在耕作前要施足基肥，并根据当地土壤特性，土壤肥力情况，平衡施肥。生产1 000千克胡萝卜需肥比例N∶P∶K为3.1∶1∶5，一般667平方米生产5 000千克胡萝卜，需N15千克，P_2O_5 5千克，K_2O为25千克，这些营养元素的量减去土壤中、有机肥中所含的纯N、P、K量，即得到需补充元素纯量。然后按公式：需补充化肥数量＝需补充元素纯量÷（化肥含量×当年化肥利用率），即可算出当年化肥用量。基肥应以有机肥为主、化肥为辅，基肥量应占总肥量的70%以上。一般基肥量范围大致为每667平方米施腐熟有机肥2 000～5 000千克，过磷酸钙20～25千克，复合肥25～50千克，硫酸钾25～30千克。在耕地前撒入基肥，撒施要均匀，耕层深度约25～30厘米，将肥料翻入土中，避免田间肥力不均。

42. 如何安排胡萝卜的茬口？

胡萝卜栽培的茬口，一般采取夏、秋露地种植和春夏种植。

(1)夏秋种植　胡萝卜主要栽培方式。我国大部分地区胡萝卜种植主要是夏、秋播种，初冬收获。南方冬季气候温和的地区，则可秋季播种，田间越冬，翌年春天收获。山东等地秋季用大拱棚进行秋延后栽培，9月上中旬播种，10上旬定苗，次年1～2月份收获。

(2)春夏种植 近年来根据市场消费需要,胡萝卜春播夏收种植面积逐年增加,具有很好的经济效益。春播胡萝卜可露地栽培,也可保护地栽培,如大棚小拱棚双膜覆盖春提早栽培等。进行胡萝卜春夏种植时,若播种过早,幼苗期气温较低,很容易使植株通过春化阶段而先期抽薹;若播种过晚,则肉质根的膨大正值炎热夏季,高温、高湿易引起多种病害发生,而且过高的气温会严重妨碍肉质根营养的积累,造成减产,影响品质。

43. 如何确定胡萝卜的适宜播种期?

适时播种,是获得胡萝卜高产、优质的重要条件之一。胡萝卜是半耐寒性长日照植物,4℃～6℃时种子即可萌动,但发芽慢。发芽最适温度为20℃～25℃。我国地域广阔,各地气候条件差异很大,播种期也大不相同。要根据胡萝卜植株生长期适应性强,肉质根膨大要求凉爽气候的特点,在安排播种期时,尽量使苗期在炎热的夏季或初秋,使肉质根膨大尽量在凉爽的秋季,这样胡萝卜生长好,产量高,品质优。所以胡萝卜栽培主要是秋播,其次是春播。

(1)秋播胡萝卜的播期 西北、华北地区多在7月份播种,11月上中旬上冻前收获。东北及高寒地区,6月份开始播种,其中东北南部在6月下旬到7月上旬,北部则在6月中下旬播种。江淮地区在7月中旬至8月中旬播种,长江中下游以8月下旬进行播种为宜,华南地区在7～9月份皆可播种。播期和收获期如表3所示。

(2)春播胡萝卜的播期 播种期的选择应以当地地表下5厘米处地温稳定在8℃～12℃时为宜。露地播种,华北地区北部一般在4月初播种;华北地区南部在3月下旬播种;京津地区在3月下旬至4月上旬播种;华中、华南地区可在3月上旬播种;长江流域多在3月中旬播种;上海地区在2月下旬播种;南方地区可适当早播。西北、东北等高寒地区,可在4月下旬至5月中上旬播种。

表 3　北方地区秋播胡萝卜的播种期和收获期

地　区	播种至收获月份
哈尔滨	6 月中下旬至 10 月中旬
长　春	7 月初至 10 月中下旬
沈　阳	7 月初至 10 月底
乌鲁木齐	7 月初至 10 月中下旬
呼和浩特	6 月中下旬至 10 月中旬
兰　州	7 月中旬至 11 月中旬
西　安	7 月中旬至 11 月中旬
太　原	7 月初至 11 月上旬
北　京	7 月上旬至 11 月上旬
郑　州	7 月中下旬至 11 月底
济　南	7 月中旬至 11 月底

目前一些地区利用塑料小拱棚或塑料大棚春播，播种期比露地可提早 15～20 天，经济效益显著。北方春季地膜加小拱棚或大棚设施栽培，于 12 月下旬至次年 2 月初播种，4 月下旬至 5 月初收获；春季地膜覆盖栽培，于 2 月下旬至 3 月初播种，5 月中下旬至 6 月收获。

此外，南方一些地区可以种植冬胡萝卜，选用欧洲系列的小型胡萝卜品种，在 11～12 月份播种，翌春 2～5 月份收获。冬季寒冷地区可用大棚栽培。

44. 如何选择胡萝卜种子？怎样确定它的用量？

胡萝卜果实为双悬果，每个果内含 1 粒种子，果实外皮多毛，刺毛相互扭结。种子的寿命一般为 5～6 年，适用期为 2～3 年。

胡萝卜种子不易发芽，买种子时要尽量选择经过处理过的光籽。种子千粒重一般为1.2～1.5克。播种要选用新鲜种子。新陈种子可以用闻气味、观察种仁颜色来辨别。新种子有辛香味，种仁白色；陈种子无辛香味，种仁黄色或深黄色。买胡萝卜种子时要注意包装上所标的种子纯度和发芽率，据以确定种子的用量。一般条播时，667平方米用种量为0.3～1千克；撒播时，667平方米用种量为0.75～1.5千克。也可以在买回种子后进行发芽率试验来确定种子用量。

45. 如何测定胡萝卜种子的发芽率？

要验证种子的发芽情况，确定播种量，就需要测定种子的发芽率。其测定方法是：一次做3个重复，每个重复取胡萝卜种子100粒，以保证发芽率的准确性。将种子放入大小合适的容器内，倒入40℃左右的温水中浸种3～4个小时。然后倒掉水，用湿布包裹种子，放入20℃～25℃的基本恒温的容器内（如碗、茶杯等）进行催芽。每天用清水冲洗一次，约3天后即可发芽。3～7天内测定发芽率，求得3个重复的平均值，即为胡萝卜种子发芽率。或者在播种前一周，提前将100粒种子撒到便于观察的地块，浇透水，观察发芽情况。将发芽的最终株数除以100，即为种子发芽率。

46. 胡萝卜播种前如何进行种子的处理？

胡萝卜播种时，一般采用干籽直播。播种前，选晴天晒种1～2天，可提高种子发芽势和发芽率。如果是毛籽，播种时应先将种子上的刺毛揉搓掉，使种子与土壤能够密切接触，多吸收水分，利于发芽。

为了提高种子发芽率，播前还可以进行浸种催芽，其方法如下：

第一种方法是将搓毛后的种子，放入30℃～40℃的温水中浸种 3～4 小时，捞出后放在湿布中，置于 20℃～25℃条件下恒温催芽，定期搅拌冲洗，2～3 天后待 80%～90%的种子露白后，即可拌湿沙播种。

第二种方法是干湿交替法，将胡萝卜种子放入一个容器内，种子量不超过容器的 2/3，倒入为种子重量 70%的水，充分搅拌，加盖儿封闭 24 小时后，把种子平铺在报纸上，屋内自然干燥。干湿处理一次约两天时间，如此处理 2～3 次效果更好。如果种子最后一次自然干燥延长 1～2 天，贮藏可达 40 天。处理后，种子可直接播入大田，种子发芽早，发芽率高，出苗比较整齐。

第三种方法是低温处理，用相当于种子量 90%～95%的 15℃～20℃的水浸种，4～5 天种子膨胀后放入容器中，上面盖上湿布，放在 0℃下处理 10～15 天，然后播种。

47. 胡萝卜播种有哪些方法？各有什么特点？

胡萝卜播种，可以机械播种，也可以人工播种。种植面积大时，可采用机械播种，播前调试好农机具，以确保下籽均匀。667 平方米用种 450～500 克，掺种子量 5 倍的细沙或干锯末混播。行距 25～30 厘米，播深 1.5 厘米。播后用轻型机具镇压。

小面积种植则采用人工播种，方法有撒播和条播两种。条播，每 667 平方米用种量为 0.3～1 千克；撒播，每 667 平方米用种量为 0.75～1.5 千克。也可以先做发芽率试验来确定。撒播时，将种子(可与湿沙或小白菜混合)均匀撒播于畦面，用耙子搂匀，踩压一遍，然后以小水浇透。这种方法播种比较省工，但用种量偏大。条播时，在畦内或垄上划沟，沟距 15～20 厘米，顺沟播种，覆土 1 厘米左右厚，然后压实。这种方法用种量较少，后期间苗也比较方便，但比较费工。播种后，在畦面或垄面覆盖适量的短麦秸，既可以保墒，又可以防止雨水冲刷土壤而造成出苗不整齐，不均匀。

48. 造成胡萝卜种子发芽率低的因素有哪些?

胡萝卜种子发芽率低,主要跟种子的特性有关。一是胡萝卜种子种皮革质,吸水性差,发芽比较困难。二是由于开花先后和开花时的气候影响,因而使部分种子无胚或胚发育不良,造成发芽率较低,一般只有70%左右。三是胡萝卜种子胚很小,生长势弱,发芽期长,出土能力差。四是胡萝卜种子收获偏晚,有些地区夏播没有新种子可用,只能用隔年的陈种子,而陈种子发芽率更低;即使用新种子,但因新种子有一段休眠期,在休眠期的发芽率也较低。五是气候因素,胡萝卜发芽适温为20℃～25℃,春播时土温低,夏播时气候炎热,蒸发量大,土温高,易干燥,不能较好保证胡萝卜发芽的合适环境条件。这些因素都会造成胡萝卜发芽迟,发芽率低,而造成缺苗影响产量。

49. 胡萝卜出苗期间应注意那些事项?

胡萝卜种子发芽率低,出苗不易整齐,常造成缺苗和管理上不一致。所以出苗期间要注意这些事项。不管是春播还是夏、秋播,播种后都要充分浇透水,保证种子能吸收到充足的水分而萌发。春播胡萝卜,露地栽培的要确定合适的播种期,以保证发芽期的适合温度;覆盖地膜栽培的,要保证土壤有足够的水分后再盖地膜。7天左右后开始观察出苗情况。一旦大部分种子出苗,就要及时揭膜,以避免胡萝卜幼苗被高温烧坏。夏、秋播胡萝卜,一般在7～8月份播种。例如郑州地区7月下旬就经常有大暴雨,如果种子发芽前正好遇到大暴雨,遭到冲刷,就会造成比较严重的缺苗现象,或者将高垄上的种子冲刷到沟里,或使种子裸露于地表,给管理造成不便,从而影响产量。所以,要选择合适的播种期。如果遭到暴雨,要及时补苗,或培土盖上裸露的种子。发芽期间,如果土壤过于干旱,则要及时浇水,补充水分,以保持土壤湿润,利于出苗。出苗期间，还要注意及时清除杂草，避免杂草欺苗。

50. 应怎样通过调控种植密度来提高胡萝卜的商品性？

合理密植，是胡萝卜丰产优质的重要措施之一。如果胡萝卜种植过密，植株会互相遮荫，使光合作用减弱，下部叶片容易早衰，导致减产。反之，植株过稀时，单位面积内植株数量减少，单株营养面积过大，肉质根会过度生长，从而造成胡萝卜产量低、裂根多，商品性差。所以，撒播时，一般行株距为10～12厘米；条播时，行距为15～20厘米，株距中小型品种为10～12厘米，大型品种为13～15厘米。

51. 胡萝卜地有哪些杂草危害？

胡萝卜地杂草以夏、秋季危害为主，部分杂草秋季危害。一般有早熟禾、旱稗、狗尾草、牛筋草、千金子、雀舌草、繁缕、辣蓼和小灰藜等。南方地区以看麦娘、早熟禾和繁缕等草害为主，北方地区以小灰藜等草害为主。一般9月下旬至11月下旬是杂草危害盛期。胡萝卜苗期生长缓慢，很容易被杂草欺苗，特别是看麦娘和藜科杂草，人工难以清除，要采取多种措施进行防除。

52. 如何清除胡萝卜地的杂草？

胡萝卜地杂草要进行综合防除。

(1)农业措施 第一、田地要深翻干晒，打碎平整，减少土壤中的杂草种子，控制杂草的种群数。第二、施用腐熟的有机肥，减少混在肥料中杂草种子萌发后对胡萝卜的危害。第三、精选和浸泡胡萝卜种子，剔除混在其中的杂草种子。第四、混播小白菜种子，既可以减少杂草对胡萝卜的危害，又可以采收速生性白菜，增加收入。第五、在胡萝卜生长过程中尽量进行人工除草，特别是间苗和定苗时，要结合进行人工除草。

(2)化学除草 草害较重，人工不足时，可进行化学除草。有3个除草适期可加利用。一是播前土壤处理，可用除草剂氟乐灵、地乐胺等进行喷施。二是播后苗前土壤处理，可用除草剂扑草净、杀草丹、利谷隆、豆科威等进行喷施。三是苗后禾本科杂草3～5叶期进行茎叶处理，可喷除草剂禾草克、稳杀得、高效盖草能、拿捕净等。

53. 胡萝卜地的常用除草剂有哪些？各有什么功能？如何使用？

(1)胡萝卜播种前常用除草剂

① 48%氟乐灵 主要防除马唐、牛筋草、稗草、狗尾草、千金子等多种一年生禾本科杂草，对藜、蓼、苋等小粒种子的阔叶杂草有一定的防除效果，对莎草和多种阔叶杂草无效。用法：播前进行土壤喷雾处理，每667平方米用乳油100～150毫升，施药后混土2～3厘米深。

② 48%地乐胺 可防除稗草、牛筋草、马唐和狗尾草等一年生单子叶杂草，以及部分双子叶杂草。用法：播前进行土壤喷雾处理，每667平方米用乳油200毫升，施药后混土2～3厘米深。

(2)播后苗前用除草剂

① 50%扑草净 该药对一年生单、双子叶杂草均有良好防效，藜、苋菜、马齿苋对此药敏感，稗草、狗尾草、马唐和早熟禾在生长早期对此药敏感。用法：播后进行土壤处理，每667平方米用可湿性粉剂100克，也可以在胡萝卜1～2叶期用药。土壤湿度大有利于药效的发挥。

② 50%杀草丹 防除多种一年生单子叶杂草，有稗草、牛毛草、三棱草、马唐、狗尾草、牛筋草和看麦娘等；双子叶杂草有蓼、繁缕、马齿苋和藜等。用法：播后苗前进行土壤处理，每667平方米

用乳油300～400毫升。

③ 25%利谷隆　对单、双子叶杂草及某些越年生和多年生杂草都有良好防效，尤其对双子叶杂草防效更好。用法：播后苗前进行土壤处理，每667平方米用可湿性粉剂250～400克。施药后不要破坏土壤表层。

④ 20%豆科威　可防除马唐、稗草、看麦娘、苋菜、藜等多种一年生禾本科杂草和部分阔叶杂草，对刺儿菜、苦荬菜等多年生杂草有一定抑制作用。用法：播后苗前进行土壤处理，每667平方米用水剂700～1 000毫升。

(3)苗后用除草剂

① 10%禾草克　可防除禾本科杂草，如稗草、牛筋草、马唐和狗尾草等，对阔叶杂草无效。用法：苗后禾本科杂草3～5叶期，每667平方米用乳油50～70毫升，配成溶液对茎叶喷雾。

② 35%稳杀得　对防除禾本科杂草有特效，对阔叶杂草无效。用法：苗后禾本科杂草3～5叶期，每667平方米用乳油75～125毫升，配成溶液对茎叶喷雾。

③ 20%拿捕净(或稀禾定)　对防除禾本科杂草有特效，对阔叶杂草无效。用法：苗后禾本科杂草3～5叶期，每667平方米用乳油100～125毫升，配成溶液对茎叶喷雾。

④ 10.8%高效盖草能　对防除禾本科杂草有特效，对阔叶杂草无效。可防除牛筋草、马唐、稗草和狗尾草等一年生禾本科杂草。用法：苗后禾本科杂草3～5叶期，每667平方米用乳油20～35毫升，配成溶液对茎叶喷雾。

54. 使用除草剂要注意那些事项?

使用除草剂要注意以下事项：查清当地农田的杂草种类，选择合适的除草剂。要认真阅读除草剂对胡萝卜草害的用量范围，应取低剂量或中等剂量，禁用高剂量。一般用土壤处理除草剂时，如果土壤有机质含量高，药剂用量可适当提高；有机质含量低，药量可适当降低。沙土地用药量低于壤土地用药量，壤土地用药量低于黏土地用药量。设施栽培最好不使用除草剂。根据除草剂种类进行土壤或茎叶喷雾处理，选择晴朗无风的天气喷药为好。要避免在高温时间喷洒，喷药次数以一次为佳，喷洒要均匀。为了提高用药效果，可在药剂中加入为药量0.1%的洗衣粉。喷过除草剂的喷雾器，必须彻底清洗干净，才能转作他用。

55. 如何减轻除草剂药害？

正确喷洒除草剂，胡萝卜一般不会产生药害。如果用药不当，胡萝卜幼苗或邻近种植的蔬菜发生了除草剂药害，发现早时，则可以迅速用大量清水喷洒叶面，反复喷洒2～3次；或者迅速灌水，防止药害范围继续扩大；还可以迅速增施尿素等速效肥料，增强胡萝卜或邻近种植蔬菜的生长活力，加速其快速恢复的能力。

56. 如何保证胡萝卜播后早出苗、出齐苗？

保证胡萝卜早出苗、出齐苗有7项措施。具体是：

(1)选用新鲜种子　尽量选用光籽。如果是毛籽，播种前则应将种子上的刺毛揉搓掉。同时播种前要选晴天晒种1～2天。

(2)浸种催芽　通过浸种催芽，促使胡萝卜早发芽，发芽整齐。

(3)精细整地　通过整地，给胡萝卜一个适宜的土壤生长环境。

(4)适时播种，适墒播种　播种时间最好安排在每天上午或下午四点钟之后进行。整地前要充分灌水，待墒情适宜时整地播种；或者直接整地做畦或起垄播种，再充分灌水洇透。播种后要注意浇水，出苗前保证地皮不见干。

(5)套播青菜遮荫　播种时可混少量青菜种子同播，利用青菜出苗早、生长快的特点进行遮荫。

(6)盖草保湿 气温比较高的地区，播种后可以在畦面或垄面覆盖麦秸草等，有保墒、降温、防大雨冲刷、防土壤板结的作用，利于出苗。

(7)合理化学除草 胡萝卜种植密度较大，且夏、秋季播种出苗期间正是高温多雨季节，杂草多，生长快，人工除草工作量大，有时除草不及时易形成草荒，影响出苗及幼苗生长，因此必须及时除草。可施用化学除草剂来除草。喷药时畦面土壤必须保持湿润，以利于药膜层的形成，有效发挥除草剂的作用。

57. 胡萝卜间苗、定苗有什么要求?

早间苗，稀留苗，是胡萝卜高产的关键。如果间苗过迟，留苗过密，会使叶柄伸长，叶片细小，叶面积减少，光合能力降低，而且下层叶片易衰亡枯落，肉质根不能长大。所以，齐苗后，一般要间苗两次，1～2 片叶时进行第一次间苗，去掉小苗、弱苗、过密苗、叶色特别深的苗、叶片过厚而短的苗，因为这些苗多形成歧根，或肉质根细小。苗距为 3～4 厘米。4～6 片叶时进行第二次间苗，即定苗。中小型品种苗间距为 10～12 厘米，大型品种为 13～15 厘米。

58. 田间生产对灌溉有什么要求?

田间生产要“看天、看地、看苗灌水”。看天，就是要根据各地的气候特点安排灌水。如北方地区旱、雨季比较分明，旱季要以灌水为主，雨季要以排水为主。看地，就是指要根据土壤特性因地制宜地灌溉。易漏水的土地，采用施肥保水；易积水的土地，采用排水深耕；盐碱地要明水大浇；低洼地要小水勤浇，并注意排水。看苗，就是指要根据苗子的长势情况灌水。例如胡萝卜叶色发暗，中午略有萎蔫，就是缺水，要立即灌溉；如果叶色淡，中午不萎蔫，茎节有所徒长，就是水分过多，需要排水或者晾地。

灌水还要注意：早春露地栽培要讲究锄地保墒，夏季要早晚灌水保湿；露地早熟栽培要晴天灌水，避免阴天灌水，阴天要蹲苗。霜冻来临前，灌溉“防霜水”可有效降低霜害。入冬前，有些蔬菜还要浇“防冻水”。

目前，生产中的灌溉方式主要是沟灌，要求土地比较平整，或有一定的坡度。随着科技的进步，像喷灌、滴灌在生产中也逐步得到使用，这两种灌溉技术可节约用水，不用考虑土地不平的状况，还可保持土壤的结构，提高土地利用率，调节小气候，节约劳动力。胡萝卜栽培除沟灌外，还可采用喷灌。

59. 土壤水分多少对胡萝卜生长有什么影响？

胡萝卜比较怕涝。在苗期与叶片生长旺盛期若恰逢雨季，如果排水不畅，会导致肉质根生长受限、或发生沤根而减产。胡萝卜种子不易吸水，如果土壤干旱，会推迟胡萝卜出苗，易造成缺苗断垄，胡萝卜肉质根膨大不良，品质差。如果水分忽多忽少，则胡萝卜容易形成裂根与歧根，使商品率降低。因此，适时适量浇水，对于提高胡萝卜品质和产量有极重要的作用。胡萝卜地的土壤含水量一般应保持在60%～80%。

60. 如何给生长期间的胡萝卜浇水？

胡萝卜虽然耐旱能力较强，但生产中也要在不同生长阶段合理供给水分。播种后，水要一次浇透。如果天气干旱或土壤干燥，可适当增加浇水次数，土壤湿度保持在70%～80%，以利于出苗。土壤过干过湿都不利于种子发芽。夏、秋播胡萝卜幼苗生长遭遇雨季，如果雨水太多，要控制水分和注意排涝，结合中耕松土，保持植株地上部与地下部生长平衡。春播胡萝卜苗期比较干旱，需要补给水分，但水量要小。胡萝卜幼苗期需水量不大，一般不宜过多浇水，这样利于蹲苗，防止徒长。定苗后要浇一次水。当胡萝卜长到手指粗，进入肉质根膨大期时，是对水分、养分需求最多的时期，应及时浇水，保持土壤湿润，防止肉质根中心柱木质化。浇水同时进行追肥。收获前5天要停止浇水。

61. 怎样给胡萝卜进行中耕、除草和培土?

胡萝卜幼苗期应及时中耕除草。中耕和除草是同时进行的。中耕不但可以消灭杂草，而且可以松土保墒，改善土壤的物理性质，使通气和保水性能良好，促进肥料分解和根系养分的吸收，还可以使土壤中的二氧化碳容易放出，有助于光合作用的进行，以达到促进幼苗生长的目的。中耕一般在出苗浇水后，土壤湿度适宜的情况下进行。每次结合中耕除草，进行培土。中耕由浅到深，培土量由少到多。在间苗和定苗之后，都要进行中耕除草和培土。植株封垄前，要深中耕一次，将细土培至根头部，以防止根部膨大后露出地面，产生青头而影响商品性。每次培土时，不要把植株地上部株心埋住。

62. 怎样在胡萝卜生长期间进行追肥?

胡萝卜是喜钾忌氯作物，需肥量较大。它对土壤中营养元素的吸收以钾最多，氮次之，磷最少。幼苗期吸收养分少，但到后期生长迅速，需要吸收大量养分。胡萝卜生长过程中，不宜施过多氮肥，否则植株易徒长，影响肉质根膨大，降低品质。施用磷、钾肥非常重要，磷肥可以增加含糖量，钾肥可使组织细密。特别是钾肥充足的情况下，增施氮肥才能发挥肥效；否则，增施氮肥，反而减产。如果出现缺肥，肉质根上毛根眼增多，将严重影响表皮光滑度。

胡萝卜追肥一般都用无机肥，即化肥。胡萝卜定苗后开始追肥、浇水，一般追肥2～3次。第一次追肥在4～5片叶定苗后进行，偏施氮肥，一般每667平方米追施尿素8～10千克；7～8片叶后，即肉质根膨大期进行第二、第三次追肥，相隔约20天，偏施磷、钾肥,或氮磷钾复合肥,一般每667平方米追施尿素10～15千克、或硫酸铵10～15千克,或氮磷钾复合肥10～30千克。进行根外追肥可以每667平方米用磷酸二氢钾3千克加水100升喷施。当地要根据前期施肥情况和幼苗的生长情况合理平衡施肥。要注意追肥和浇水相结合,可以埋施后浇水,也可以撒肥后浇水,还可随水冲施。具体操作应依当时天气状况和肥料种类而准确施用。如用尿素追肥,尿素有效成分高,含氮量约46%。在潮湿的土壤上施用尿素,它很快能通过生物水解作用变成碳酸铵,碳酸铵经过化学水解作用变成氮和碳酸,氨则易于气化逸出。如果尿素施用后翻入土中,大部分释放出的氨能作为铵离子保存在土里供作物利用。在设施里密闭施用,如果尿素不翻入土中,那么氨就会产生气害,损害作物。注意在收获前20天内,不要施用速效氮肥。

63. 如何收获胡萝卜?

当胡萝卜多数植株心叶变为黄绿色,外叶枯黄时,已达生理成熟期,可人工或机械采收。我国北方地区,春胡萝卜一般6月上旬收获;秋胡萝卜在土壤初冻前收获,一般为10月中旬至11月。要选晴好天气收获。收获过早,肉质根未充分膨大,产量低,品质差;收获过晚,肉质根又容易木质化,心柱变粗,降低品质。收获前5天要停止浇水。

64. 春播胡萝卜为什么会先期抽薹?如何防止?

胡萝卜生长期间,肉质根在达到商品标准前即抽薹的现象,称为先期抽薹。胡萝卜为低温感应型蔬菜。当胡萝卜长到一定大小后,遇到15℃以下低温,经15天以上就能通过春化阶段,进行花芽分化。夏秋种植的胡萝卜,生长前期温度较高,生长后期温度较低,都不适于抽薹开花。而春播胡萝卜前期温度低,生育中期温度较高,日照长,容易发生抽薹现象;如果播期越早,幼苗处于低温时间就越长，抽薹率就越高；反之则低。春季如果发生倒春寒也会造成先期抽薹率较高。先期抽薹会造成胡萝卜肉质根不再膨大，纤维增多，失去食用价值，严重降低产量和品质。

防止先期抽薹的措施是选择抗低温、耐抽薹的优良品种，尽量用新种子播种。如果用陈旧的种子，相对新种子而言，在同样的生长环境下，生活力低，长势弱，也容易使抽薹率增加。播种期要根据当地气候条件，选择适宜的播期。不能过早栽培，如果提早栽培，就应采用设施栽培。

65. 早春塑料小拱棚无公害栽培胡萝卜的关键技术有哪些?

早春栽培胡萝卜，可以满足市场需要，提高经济效益，但要求管理技术较高。其栽培关键技术如下：

选择背风、向阳，地势平坦，风面有林带、村庄或其他障碍物作为保护物的砂壤土地块。顺风向设置拱棚，以减少风的阻力及其破坏作用。根据设定的拱棚走向，做成宽 2 米的畦面，两畦面间预留 0.5 米宽的走道。灌足封冻水。比露地可提前 1 月左右种植。选择早熟、生育期短的耐抽薹品种，如金红一号、宝冠和红映二号等胡萝卜新品种。沟深 1～1.5 厘米，行距 20 厘米，人工播种后应及时覆土镇压，覆土厚度为 1 厘米。高寒地区可以再覆盖一层薄膜。

小拱棚的主框架是竹片。选择光滑、富有韧性的竹片，将竹片削平，以免在使用过程中划破农膜。然后在畦埂两边每隔 1～1.2 米对称挖深 20 厘米的小坑，埋设竹片，使之成为弓形，踏实基坑。一个拱棚的竹片埋设好以后，要调整竹片方向和弯曲度，使其整齐一致。然后用 2 毫米的铅丝绕竹片弓形顶端连接各竹片，使其固定成为一个整体框架。拱棚的棚膜，要选择防老化无滴长寿膜，膜厚 1 毫米。播一个畦面后可立即扣棚，避免水分散失。扣棚应选择在无风天气进行。顺风向固定好一端，拉紧农膜，使两边分布均匀，同时压土踏实，膜边埋深不少于15厘米，盖好拱棚后再用压膜线加固，每两个竹拱间加固一道压膜线，以防大风破坏拱棚。

扣棚后，白天温度会很快升高，增温效应明显。出苗后，及时通风是拱棚栽培管理中的重要环节。胡萝卜出苗后，在晴朗天气，每天上午11点到下午2点要及时通风。当棚内温度超过35℃时要在棚中间增大通风量。特别是长度超过30米的拱棚，要在中间放风，避免烧伤幼苗。当外界平均气温达到15℃时，要进一步加大通风量。夜间不再关闭通风口，增加练苗时间，为揭掉棚膜做准备。否则，突然去掉棚膜，对胡萝卜幼苗极易造成伤害。一般炼苗时间掌握在7天左右即可去除棚膜。其他间苗、浇水、施肥、培土等管理技术，同大田露地栽培技术。间苗一般进行2次，1～2片叶时进行第一次间苗，去掉小苗、弱苗和过密苗，苗距3～4厘米；5～6片叶时进行定苗，中小型品种苗间距为10～12厘米，大型品种为13～15厘米。定苗后进行追肥、浇水和培土；肉质根膨大期间再次追肥、浇水，深培土2～3次。对病害进行综合防治。适时收获。

66. 大棚春播胡萝卜无公害栽培的关键技术有哪些？

春播胡萝卜可以选用冬草莓或冬育苗茬口大棚或其他叶菜类采收后的大棚种植，以期达到提早上市的目的。其关键栽培技术如下：

(1)适时整地播种 北方大棚设施栽培在2月初至3月底都可以播种。播种过迟则影响产量和品质。4月下旬至5月初收获。基肥施量一般为每667平方米施腐熟饼肥100千克，过磷酸钙50千克，优质复合肥50千克，另外每667平方米可用辛硫磷250克结合浇水施入土壤，防治地下害虫。深耕整地后，起平畦播种。

(2)选用优良品种并进行种子处理　选择适合春播的优良品种。将所选优良种子用30℃～40℃温水浸种3～4小时，捞出后放在湿布中，置于20℃～25℃条件下恒温催芽，定期搅拌冲洗，2～3天后待80%～90%的种子露白后，即可拌湿沙播种。播种后覆地膜，关闭大棚，一般7～10天后可出苗。

(3)田间管理　齐苗后于清晨揭去地膜，逐渐增大大棚通风量，保持白天最高温度小于30℃。分别在1～2片真叶和5～6片真叶时选上午进行间苗和定苗，苗距为10～12厘米。生长期间土壤见干见湿。8～9片叶时结合浇水追发根肥，一般每667平方米施尿素10千克，加硫酸钾3千克。根据植株长势，可以在收获前3～4周每667平方米用磷酸二氢钾0.5～1.0千克加水100～150升，进行根外追肥。发现旺长可用15%多效唑粉剂1 500倍液喷施。注意防治蚜虫。及时采收。

67. 春播无公害胡萝卜优质丰产的关键技术有哪些?

春播胡萝卜需要较高的管理技术。栽培的关键是选用早熟、丰产、耐抽薹的品种，适时播种，加强管理，防止或延缓先期抽薹，其优质丰产关键技术如下：

(1)适时播种　春季播种不宜过早或过晚，应以当地地表下5厘米地温稳定在8℃～10℃时为宜。一般在日均温10℃，夜均温7℃时播种。保护地栽培可根据大棚或小拱棚内温度灵活掌握。

(2)浸种催芽　春播地温低，不易出芽，生产上宜进行浸种催芽。方法是将搓毛后的种子放入30℃～40℃的温水中浸种3～4小时，捞出后放在湿布中，置于20℃～25℃条件下恒温催芽，注意保持种子湿润，并定期搅拌与用温水冲洗，2～3天后待80%～90%的种子露白后，即可拌湿沙播种。播种深度以1～2厘米为宜，过深不易出苗。

春季风大、气温低，为了保温保湿，加快出苗速度，要增添覆盖物。播种后应立即采用麦秸、地膜进行双重覆盖。待种子拱土后将麦秸去掉。幼苗出齐后，揭掉地膜。

(3)整地与施肥 胡萝卜播种地应选择砂壤土或壤土，深耕细耙，耕作深度不小于25～30厘米。施肥以基肥为主，每667平方米施腐熟有机肥2 500千克，磷钾肥与速效氮肥15千克。追肥两次，分别在定苗期与根膨大期追施。第一次磷钾肥与氮肥各3千克，第二次磷钾肥3.5千克，氮肥7.5千克。播种到出苗期应适当浇水，保持土壤湿润，利于出苗。

(4)间苗、中耕与除草 胡萝卜苗期要间苗两次，分别在1～2片真叶和5～6片真叶时进行，定苗株距8～10厘米。中耕除草是胡萝卜丰产的关键，也可用除草剂除草，中耕时注意培土，防止肉质根顶出地面形成青肩。

(5)及时收获 胡萝卜一般5～6月份收，6月下旬全部收获。如果在高温期收获，容易腐烂，影响品质。收获后最好贮藏在0℃～3℃的冷库中。

68. 高山地区如何栽培春季胡萝卜？

高山蔬菜是近年大力研究的科研项目，已经卓有成效。在高山地区反季节栽培胡萝卜，是山区农民脱贫致富的好项目。其栽培技术要点如下：

(1)基地选择 在海拔800米以上的山区均可种植。最好选择土壤有机质含量高、光照条件好、耕作层深厚、排灌方便的砂壤土地。

(2)品种选择 宜选择耐热、抗抽薹、品质好和产量高的早中熟优良品种，如红芯四号和红芯五号等。

(3)整地施肥 同平原地区一样深耕，结合深耕施基肥，做高畦，畦宽1.3米左右，沟宽0.2米，沟深0.25米。

(4)播种 在日平均气温稳定在10℃左右、夜间平均气温稳定在7℃左右时播种。要进行浸种催芽,使胡萝卜种子早出苗,出齐苗。播种时采用条播,行距约为16厘米,浇足底水后播种,用筛过的细土进行覆盖,厚约1厘米。然后,盖上地膜或农作物秸秆,以保温增墒。等到苗出土80%时揭去覆盖物。

(5)田间管理 间苗、定苗和肥水管理,同一般露地栽培技术。追肥两次,定苗后5～7天进行第一次追肥,结合浇水每667平方米施硫酸钾复合肥10千克。当8～9片真叶,肉质根大拇指粗时,结合浇水进行第二次追肥,每667平方米施尿素7千克,过磷酸钙、硫酸钾各3.5千克。膨大期要经常保持土壤湿润,以避免土壤水分不足引起肉质根木栓化,侧根增多,但也不能水分过大,以免引起肉质根腐烂;也不能忽干忽湿,造成肉质根裂根,降低商品性。

(6)病虫害防治 同一般露地栽培病虫害防治方法。具体的防治方法见病虫害防治部分。

(7)采收 当胡萝卜植株不再长新叶、下部叶片变黄时,选择晴天下午或阴天及时采收。

69. 秋播无公害胡萝卜优质丰产的关键技术有哪些?

秋季栽培胡萝卜的中心环节,是精细播种,确保全苗,防止杂草,精细管理。

(1)精细播种 选择适合当地种植的优良胡萝卜品种。要因地制宜,选择适合的播种日期,最好使播种后、出苗前避过大雨天气。栽培以高垄条播为佳,行距25厘米,定植株距10厘米。

(2)田间管理 胡萝卜出苗前要保持土壤湿润,齐苗后土壤见干见湿。间苗2～3次至定苗。间苗后要浅中耕,疏松表土,拔除杂草。封垄前,浇水或下雨后还要中耕2～3次。中耕要结合培土。封垄前将土培至胡萝卜根头,防止出现青头。幼苗生长期间需肥量不大,可适当少供水肥,以利蹲苗,防止徒长。在幼苗7～8片叶时,应适当控制浇水,加强中耕松土,促使主根下伸和须根发展，并防止植株徒长。出现徒长现象时，可用多效唑 1 000 倍液控制。植株长势弱，可在定苗后，结合浇水进行追肥。肉质根长到手指粗时，进入快速生长期，应及时浇水，并追肥 2～3 次，追肥时要氮肥、钾肥一起施。此时，应经常保持土壤湿润。如水分不足，则易引起肉质根木栓化，使侧根增多；而水分过多，则肉质根易腐烂；如果土壤忽干忽湿，则会使肉质根开裂，降低品质。因此，要精心搞好水分管理，做好无公害病虫害防治工作。并且要适时收获，科学贮藏。

70. 胡萝卜绿色栽培关键技术有哪些？

胡萝卜绿色栽培的要求比无公害栽培更加严格，对产地选择、田间管理和病虫害防治的要求更高。其栽培关键技术如下：

(1)生产基地选择 根据绿色食品生产对生产基地的要求，胡萝卜绿色生产基地，应选择空气清新，水质纯净，土壤未受污染或污染程度较轻，具有良好农业生态环境的地区。大气要求：基地周围不得有大气污染源，不得有有害气体排放；符合国家大气环境质量标准 GB－3095－1996 所列出的一级标准。土壤要求：基地周围没有金属或非金属矿山，土壤中不得含有重金属和其他有毒、有害物质；最近 3 年内没有使用过违禁的化学农药和化肥等，同时要求土壤有较高的肥力和保持土壤肥力的有机肥源。水质要求：基地应选择在地表水、地下水水质清洁无污染的地区，水域及水域上游没有对产地构成威胁的污染源；灌溉水应优先用未污染的地下水和地表水，水质应符合 GB－5084－92《农田灌溉水质标准》。胡萝卜常规种植向绿色种植转换需要两年以上。

(2)品种选择 选用抗病、抗逆性强，优质丰产，适应性广的优良品种。种子质量要符合国家标准。

(3)轮作、整地、做畦与播种 种植胡萝卜要合理轮作，忌连作，避免重茬。前茬作物收获后，应深耕 25～30 厘米。种前复耕一遍，结合耕地施足基肥，用量为每667平方米施腐熟有机肥4 000～5 000千克，草木灰300～500千克，硼砂2～2.5千克。根据当地实际情况，做畦或起垄栽培。播种前用种子量0.3%的50%福美双可湿性粉剂，或40%拌种双粉剂，或70%代森锰锌、75%百菌清、50%扑海因可湿性粉剂拌种。春播时可进行浸种催芽。实行条播时，用种量为0.2～0.5千克，播深1.5厘米，播后覆土，镇压，浇水。

(4)田间管理 加强田间管理，是减少施用化肥和农药的有效基本措施。田间管理期间，要及时清理田园中的枯枝败叶和个别病株病苗，减少病害传播的机会。要合理密植，中耕细作，科学施肥，合理喷洒农药。前茬作物或胡萝卜收获后，要集中清理出地面残株和杂草，减少病虫基数。

①*科学施肥* 提倡测土配方施肥。生产中要坚持以有机肥为主，其他肥料为辅；以基肥为主，追肥为辅；以多元素复合肥为主，单元素肥料为辅的科学施肥原则。选用绿色栽培所允许使用的肥料，禁止使用硝态氮肥。要重施有机肥，少施化肥。在相同基肥条件下，追肥用量越大，蔬菜中硝酸盐积累越多。所以，绿色胡萝卜栽培，要求施足基肥，控制追肥。基肥的施用量一般为每667平方米施腐熟有机肥3 000～5 000千克、尿素10千克、过磷酸钙20千克。8～9片真叶，即肉质根开始膨大时，每667平方米追施复合肥15～20千克。半个月后，进行第二次追肥，施用硫酸铵10～15千克。15～20天后，再追施腐熟有机肥500～800千克。化肥要深施和早施，收获前20天要停止施肥。

②*合理灌溉* 适时适量灌溉，满足植株生长对水分的需求，可使植株生长健壮，提高抗逆能力，减少病虫害的发生和危害。要避免大水漫灌。苗期浇水2～3次，叶片生长盛期要适当控水蹲苗，加强中耕；肉质根生长期要及时浇水，使土壤湿度维持在60%～80%。收获前5～14天，要停止浇水。

③除草技术　绿色胡萝卜生产不能使用除草剂，一般采用人工或机械除草。主要在胡萝卜生长前期及时除草。也可以覆盖黑色地膜，抑制杂草生长。

(5)病虫害综合防治　对胡萝卜病虫害，要采取物理、生物和化学的综合防治措施。化学防治时要注意禁止使用国家明文规定禁止使用的剧毒、高毒、高残留农药，严格控制农药的使用浓度、次数、使用方法和安全间隔期。还要注意以下事项：播种前最好进行种子消毒。收获后贮藏时，贮藏窖内要消毒，入窖前胡萝卜要晾晒几天，剔除有伤口和腐烂的胡萝卜。用新窖贮藏比较好。如果用旧窖贮藏，可以在半个月前灭菌，每平方米用硫黄 15 克进行熏蒸。贮藏期间，温度要保持在 13℃以下，湿度保持为 90%～95%，防止窖内滴水和胡萝卜受冻。

71. 胡萝卜有机栽培的技术要点有哪些？

有机胡萝卜，是指在胡萝卜生产过程中，不用任何化学合成的农药、化肥、除草剂、生长调节剂等物质和基因工程生物及其产物，遵循自然规律和生态学原理，采取一系列可持续发展的农业技术生产的，经过有机农产品认证机构鉴定并颁发有机证书的胡萝卜。其有机栽培技术要点如下：

(1)环境要求　有机胡萝卜生产基地，要求基地 3 年内没有使用过化学农药和肥料等违禁的物质，有条件的最好选择粮田，因为土壤中的硝酸盐、亚硝酸盐、农药和铅、镉、汞等重金属离子的含量相对菜田较少。要远离环境污染较重的公路、工厂、矿山等污染地，没有水土流失和空气污染现象。灌溉水优先选用未受污染的地下水和地表水，水质符合 GB—5084—92《农田灌溉水质标准》。如果将常规种植转向有机种植，需要两年以上的转换期。

(2)对品种要求　选择适合当地土壤和气候条件的优质、丰产、抗病的品种，购买没有经禁用物质处理过的种子，禁用转基因种子。

(3)合理轮作 重茬连作会造成病虫害流行,加剧病虫害的发生,从而降低蔬菜的商品性。胡萝卜尤其忌连作。前茬可以种玉米或蚕豆等绿肥作物,收割粉碎后翻入土中,可以提高土壤的肥力。此外,胡萝卜春季可与叶菜类、甘蓝类、小麦和豆类间作,夏季可以套种茄果类和瓜类蔬菜,秋季可以套种耐寒性蔬菜,2～3年循环一次。

(4)合理施肥 合理施肥,培育健壮的胡萝卜植株,可以提高胡萝卜的抗病性。有机种植要求只能用有机肥和绿肥。一般选择自制的腐熟有机肥,或通过认证、允许在有机蔬菜生产上使用的肥料厂所生产的有机肥,如以鸡粪、猪粪为原料的有机肥。有机肥前期有效养分释放缓慢,可以加入一些具有固氮、解磷钾作用的根瘤菌、芽孢杆菌、光合细菌和溶磷菌等,加速养分的释放和积累。绿肥作物具有固氮作用,可提高土壤有机质的含量,常见的绿肥作物有紫云英、苕子、苜蓿、蒿枝和豌豆等品种。追肥可选择米糠饼、豆饼或菜籽饼的浸出液,经充分腐熟后使用。施用浸出液,既能提高蔬菜抗病能力,又能防止早衰,增加后期产量,改善产品的风味。可对水10倍作根外追肥,对水5倍直接浇根追肥。

施肥要根据肥料特点、土壤特性、胡萝卜品种和不同的生长发育期而科学地进行。绿肥作物在花期刈割翻压,翻压深度为10～20厘米,每667平方米翻压1 000～1 500千克。基肥一般施用腐熟的厩肥3 000～5 000千克。追肥要结合浇水、培土进行。叶面追肥可在苗期、生长期选用生物有机叶面肥,如得力500倍液、亿安神力500倍液喷洒,每隔7～10天喷一次,连喷2～3次。

(5)除 草 有机生产一般用人工除草。此外,可以用覆盖除草法:采用黑色薄膜覆盖,也可以采用煤渣、草木灰、树叶、稻草、麦秸、花生壳、棉籽壳和木屑等。还可以用种植绿肥作物除草法,利用菜田休闲时,种植绿肥作物,既可以增加土壤肥力,又可以防止杂草生长。

(6)病虫害防治

①*农业防治* 选择抗病虫害的胡萝卜品种。合理轮作。清洁田园,深翻晒垡,并可适量撒些生石灰对土壤消毒。可对种子消毒,合理密植。要及时排除田间积水,但要注意保持土壤湿润。

②*生物、物理防治* 可利用害虫天敌捕杀害虫,利用黑光灯捕杀蛾类害虫,利用高压汞灯、频振式杀虫灯杀虫,用糖醋液诱杀成虫,黄板诱杀蚜虫、白粉虱,用银灰色农膜驱避蚜虫。大棚里可在通风口安防虫网,棚里可引进赤眼蜂、瓢虫和捕食螨等天敌。

③*矿物质、植物药剂防治* 可用矿物质如硫黄、100倍液的高锰酸钾、生石灰(667平方米用2.5千克)进行土壤消毒。用波尔多液可控制真菌性病害,其组成为1(硫酸铜)∶1(生石灰)∶200(水),连喷2～3次。浓度为0.5%的辣椒汁可预防病毒病。弱毒疫苗N14可以防治烟草花叶病毒。喷用木醋酸300倍液,连喷2～3次,可在发病前或初期防治土壤和叶部病害。沼液可防治蚜虫和减少枯萎病的发生。

防治病虫害的药用植物,有除虫菊、鱼腥草、大蒜、薄荷和苦楝等。如用苦楝油2 000～3 000倍液防治潜叶蝇;用36%的苦参水剂防治红蜘蛛、蚜虫、小菜蛾和白粉虱等;用0.3%的苦参碱植物杀虫剂500～1 000倍液防治蚜虫;用鱼藤酮防治小菜蛾和蚜虫。苏云金杆菌是细菌性杀虫剂,可防治鳞、鞘、直、双、膜翅目害虫。

掌握"预防为主,防治为辅"的原则,因地制宜地综合利用上述防治方法,可以有效而又安全地防治病虫害。

72. 胡萝卜与菜薯瓜立体高效复种模式的主要栽培技术有哪些?

胡萝卜与青菜、马铃薯及甜瓜可以实行间套种。其栽培要点如下:

(1)科学选地布局　选择地势高爽、排灌良好、肥沃疏松的砂质壤土，结合耕翻土壤，每667平方米施优质腐熟粪肥1500千克(或腐熟厩肥3000千克)、腐熟饼肥60千克、过磷酸钙50千克、硫酸钾20千克作基肥。深沟高畦种植，畦宽3米。胡萝卜秋播时全田撒播，定苗时苗距13厘米。冬青菜于胡萝卜采收后栽植，行距20厘米，株距16～18厘米。马铃薯每畦3垄，起60厘米宽的垄，垄高15～20厘米，单垄单行种植，株距20厘米。马铃薯垄与垄之间60厘米栽甜瓜。可先种一季春小青菜再种甜瓜，每畦2行，行距1.2米左右，株距40厘米。

(2)选用良种　胡萝卜选用优质高产、耐热抗病、质脆味甜的郑参丰收红等品种，每667平方米需种500克左右。春小青菜选用优质、高产、抗病的上海小叶青等矮茎种，每667平方米需种350克；冬青菜选用优质、高产、抗病、耐寒的矮杂2号等，每667平方米需种150克。春马铃薯选用早熟、优质、高产、抗病的东农303或豫马铃薯五号、六号等，以脱毒种薯为好；播前1个月选择表皮光滑、色正、无病(伤)薯切块催芽，每667平方米需种薯140千克。甜瓜选用优质、高产、抗病和耐贮运的雪美与翠蜜等一代杂交厚皮种，每667平方米需种50克；就近销售的也可选用肉脆、汁多、味甜的海冬青等青皮绿肉型薄皮甜瓜。

(3)合理安排播种季节　长江、淮河流域，胡萝卜于8月初选晴天稀播，11月中旬采收。越冬青菜于10月上旬撒播育苗，11月中旬在胡萝卜采后随即东西方向挖畦，选择壮苗进行低沟套栽，春节前后上市，2月底采收完毕。春马铃薯于2月上旬进行温室或双膜保温催芽，3月上旬地膜栽植，5月下旬采收。3月上旬马铃薯播后，在甜瓜预留的60厘米的空幅间撒播小青菜，4月下旬采收。甜瓜于3月20日左右选晴天进行营养钵薄膜育苗，4月下旬地下5厘米处地温15℃以上，待苗龄30～35天、有3～4片真叶时，选择晴天地膜移栽定植，6月下旬采收，7月下旬采收完毕。

(4)精细管理 胡萝卜播后浅搂拍实，趁墒情较好时每667平方米用125毫升的48%氟乐灵对水40升，均匀喷于土表(喷药后立即浅搂)，灭草保苗。齐苗后结合松土锄草，及时间苗2～3次；定苗后及时追肥催苗促长。在生长期尤以肉质根膨大期应追肥，并常浇水保湿。

青菜适墒播种，播后浅搂拍实，保墒助出苗。因其为速生型蔬菜，生长期要注重肥水管理，轻浇勤浇，每5～7天适量追速效氮肥一次。冬青菜于越冬前每667平方米用腐熟人畜粪1 500千克对水浇施。结合覆草(棉秸)，最好于严寒来临前用黑色遮阳网覆盖，以利御寒防冻，护苗越冬。

春马铃薯地膜栽培，播前先开沟，一次施足肥水，催芽播种；生长期间注意在现蕾期追肥一次，结合浇水进行。浇水后，要中耕、培土2～3次，封垄前最后一次培土，培土要多，防止马铃薯见光变绿。

甜瓜移植前须一次施足肥水，喷除草剂，每667平方米用50%扑草净150克；定植后浇足定根水，培土保湿。幼苗有5片真叶时摘心，每株选留2条健壮子蔓。当子蔓长至5～6片叶进行第二次摘心，每条子蔓选留3条健壮孙蔓结果，其余全部摘除。当孙蔓基部幼果坐稳后留3片叶时第三次摘心，每条孙蔓留一个果，每株留果5～6个。伸蔓期每667平方米施用腐熟粪肥600千克，配施10千克硫酸钾，对水开穴追施。坐果前期，叶面喷施1 000倍“植物动力2003”液。生长期间注重防治黄守瓜、红叶螨及霜霉病、白粉病等，遇多雨季节要及时疏沟排水。

73. 洋葱—辣椒—胡萝卜高产栽培模式要点是什么?

胡萝卜主要栽培在华北和西北地区。随着农业种植结构不断调整，目前甘肃地区的洋葱－辣椒－胡萝卜种植模式应用面积较多，取得了较高的经济效益，667平方米产值能达到6 000～7 500元。现将其栽培技术要点介绍如下，供其他地区借鉴。

(1)茬口安排 甘肃地区茬口安排：洋葱，10月初小拱棚育苗，12月下旬至翌年1月上旬定植，5月份收获，667平方米产量为5 000千克左右。辣椒，3月中旬直播于洋葱行间，6月份开始收青辣椒，667平方米产量为3 000千克。胡萝卜，8月中旬直播于辣椒行间，11月中下旬收获，667平方米产量为5 000～5 500千克。其他地区可根据当地气候安排茬口。

(2)洋葱主要栽培技术 品种选择抗病、优质、丰产、抗逆性强、商品性好的品种，如紫皮洋葱和黄皮洋葱等。育苗栽培，每667平方米苗床用种量为1千克。播后用草木灰加细河沙盖平，补足水分，盖遮阳网遮荫。出苗达到60%～70%时，揭去遮阳网。根据水分蒸发情况及时浇水或喷水。防治病害可在傍晚或清晨，用75%百菌清可湿性粉剂或25%多菌灵进行喷雾。幼苗15～20厘米高时即可定植，起苗前要浇足水分。

选择土壤肥沃、灌水和运输方便、保水肥能力强的地块定植。结合耕地施足基肥，667平方米施优质农家肥5 000千克，磷酸二铵25千克，施后耙平，挖穴定植，株距20～25厘米，行距30～35厘米，定植后浇水1～2次。田间要保持土壤湿润，含水量为60%～70%。定植6～7天后，结合第一次浇水中耕松土。667平方米追施尿素10千克左右。进入鳞茎分化期进行第二次中耕，667平方米施尿素15千克，也可叶面喷施0.2%磷酸二氢钾溶液。当植株生理发黄，球茎直径达8～10厘米时开始采收。

(3)辣椒主要栽培技术 选择中早熟、抗病、丰产、形状良好的青椒品种，如新丰5号、萧椒10号和湘椒系列等品种。当洋葱进入鳞茎膨大初期，在洋葱行间穴播辣椒种子，每穴播种3～5粒；或用营养钵育苗，每钵放种3～5粒。播后培育壮苗，保持田间湿度，起苗前1天浇足水。

定植地要深耕，施足基肥，用肥量为农家肥5 000千克，磷酸二氢钾2.5千克，硫酸钾20千克。定植时，株距30～40厘米，行距30～40厘米，定植后浇水1～2次。田间土壤要保持含水量60%左右。结合中耕松土，每667平方米施尿素5～10千克。一般中耕松土3次，培土2次。防止潮湿、大水漫灌浸湿辣椒根部，每采收一次需根外追肥一次，追施二铵20千克。及早采收门椒，及时采收对椒和4斗椒。

(4)胡萝卜栽培技术 选择抗旱、耐瘠薄、抗逆性强、丰产性能好、色泽美观、不开裂的七寸人参和透心红等品种种植。8月下旬，在辣椒行间中耕松土，播种胡萝卜，但不要损伤辣椒植株。出苗后，要及时间苗和定苗，株行距10厘米左右。定苗后结合浇水，每667平方米施尿素10千克左右。生长后期结合浇水追施尿素2～3次，每667平方米用10～15千克，并进行中耕除草和培土。对胡萝卜，视市场行情而确定采收时间，收后可以贮藏至春节或蔬菜淡季出售。

74. 胡萝卜地套种玉米的栽培要点有哪些?

胡萝卜地套种玉米的立体种植模式，遵循了高秆作物与矮秆作物套种的原则，玉米能为胡萝卜生长后期起到遮荫作用，降低田间温度，有利于肉质根的生长。同时也增加了土地的利用率，效益也比较可观。这种模式的栽培技术要点如下：

(1)套种方法 春胡萝卜播种期的选择，应以当地地表下5厘米处地温稳定在8℃～12℃时为宜。长江流域以北一般3月份至4月初播种，以2.1米为一种植带起垄，垄距30厘米，垄宽60厘米，高15厘米。垄上双行播种胡萝卜种子，行距17～20厘米，沟深2～3厘米。4月中下旬在两垄之间种植1行玉米，株距24厘米，667平方米留苗1300株。胡萝卜最迟于7月中旬收完，糯玉米于8月中下旬收获完毕。

(2)品种选择 胡萝卜早熟栽培，宜选择早熟、冬性强、不易先期抽薹、耐热性强的品种，目前生产上多用红芯五号、红芯六号和日本黑田五寸参等品种。玉米选用丰产大穗、植株紧凑型的品种中糯1号等。

(3)整地、施肥与播种 前茬作物收获后,及时耕翻、晒垡。播种前,浇底水造墒,667平方米施有机肥3000千克、二铵50千克、过磷酸钙20千克、优质复合肥100千克作基肥。基肥施入后,深耕25～30厘米,耙平,起垄,要求土壤疏松细碎,以提高出苗率。

春播气温低,胡萝卜发芽慢,可采用浸种催芽的方法来提早出苗。在垄上小沟内,可人工播种,也可以用小型播种机播种。播时可将适量细沙与种子拌匀播种,播种量比秋播稍大些。覆土1.5～2厘米厚,镇压后仍能保留2～3厘米深的浅沟,防止出苗后薄膜烧苗。播后覆80厘米宽的薄膜增温、保湿。为了防治草害,可在播前用除草剂48%氟乐灵乳油140毫升对水75升,或播后用施田补乳油100～150毫升对水90升,均匀喷雾于土表。4月20日左右,在两垄之间锄种一行玉米。

(4)田间管理 胡萝卜齐苗后第一次间苗前,在无风的晴天上午揭去薄膜。当胡萝卜长至2～3片真叶时,按株距3～4厘米留苗。5月上中旬,胡萝卜有5～6片真叶时定苗,苗距10～20厘米,结合间苗进行浇水、中耕松土和除草。中耕不能过深,以防伤根。定苗后封垄前,进行深中耕并培土,防止根头变青。玉米5叶期时,除去弱苗,进行定苗。播种后保持土壤湿润,保证苗齐、苗全。浇水应在空档间浇小水。齐苗后,应少浇水,多中耕松土,提高地温。定苗后,追肥浇水一次,并进行中耕蹲苗,667平方米追施尿素10千克。5月底6月初,胡萝卜开始进入肉质根膨大期,玉米进入拔节孕穗期,结合浇水进行追肥,667平方米施复合肥30千克,同时针对糯玉米分蘖性强的特点,及时打杈,促进壮苗形成。胡萝卜春种夏收,在生长期易遭受蚜虫危害,可用20%吡虫啉2500～5000倍液喷雾杀灭。

(5)收　获 胡萝卜叶片不再生长,下部叶片变黄时表示基本成熟，即可采收。也可根据市场需要，提前收获。糯玉米主要供应市场，可在乳熟期，根据市场需要收获。

75. 春播棉花一胡萝卜高产高效套种技术要点有哪些？

在棉花种植区，为了进一步提高春播棉田的经济效益，增加农民经济收入，可结合棉花生产实行春播棉花一胡萝卜高产高效套种栽培模式，经济效益比较显著。棉花、胡萝卜同时于4月上旬播种，胡萝卜于6月下旬至7月上旬收获，棉花于11月上旬采摘结束。据测算，一般每667平方米可生产皮棉100千克以上，鲜胡萝卜4 000千克左右，不但解决了夏季胡萝卜的市场供应，而且实现了棉花胡萝卜双增收的目的。主要套种技术要点如下：

(1)品种选择 棉花选择适宜当地生长的高产、抗病优质品种，如苏棉18号及高产优质鲁棉品种等；胡萝卜选择早熟优质高产品种，如红芯四号等。

(2)耕地施肥 选择富含有机质、土层深厚松软、田块排水良好、pH值为5～8的砂壤土或壤土田块。冬季深耕，耕前施足底肥，主要以有机肥为主，一般667平方米施有机肥3 000千克左右，25%复混肥50千克。

(3)精细整地 棉花种植在垄上，胡萝卜撒播在两垄之间的畦面上，一般垄高10厘米、垄宽15厘米左右，两垄之间做65厘米宽的平整畦面。

(4)播　种 棉花和胡萝卜均采用露地直播方式。春播一般在日均温10℃左右、夜均温7℃时播种。棉花一般行距80厘米，株距25厘米左右。胡萝卜在两垄之间的畦面上撒播，播后立即在畦面上盖细土，再在畦中间用锄头刨出小浅沟以利排水。

(5)田间管理 从播种到胡萝卜收获，棉花与胡萝卜共生期一般在3个月以内。胡萝卜一般于6月底至7月上旬收获，这时棉花生长正处于苗期到蕾铃初期，加强共生期的管理是关系到两种作物产量高低的关键，也是该套种技术成败的关键。要及时结合中耕，进行人工除草，以达到除草、增温、保墒、防板结的目的，促进作物的早生快长。要加强肥水管理。棉花齐苗后，轻施一次提苗肥，每667平方米对水浇施尿素2～3千克。胡萝卜的整个生长期，可结合浇水施速效肥2～3次，一般在胡萝卜定苗后和肉质根膨大期追施，前期浓度宜稀，后期可稍浓，整个生育期保证胡萝卜有充足的水分。棉花苗期的主要病虫害，有炭疽病、立枯病、基枯病、腐斑病及棉蚜、红蜘蛛与蓟马等，胡萝卜主要病虫害有蚜虫等，要综合进行防治。

(6)采收后管理 胡萝卜采收后，及时对棉花垄进行覆土，增加棉花根部的土壤厚度，促进棉花的正常生长。其后棉花即可进入正常蕾期、花铃期、吐絮期及收获期的大田管理阶段。

76. 马铃薯—玉米—胡萝卜一年三熟高效种植模式的主要栽培技术有哪些？

粮食生产在国家粮食安全中具有至关重要的地位。根据粮区农民的生产特点和技术水平，探索总结出的马铃薯—玉米—胡萝卜一年三熟高效种植技术，在不影响粮食生产的前提下，合理调整种植结构，提高粮区农民的收入，达到农业增效、农民增收的目的。这种种植模式一是粮、菜兼收，比单种粮食作物或单种蔬菜作物总体效益高；二是马铃薯、胡萝卜两种作物种植技术简单，耐贮运，投入成本低，适合粮区种植。这种模式的栽培要点如下：

(1)茬口安排 马铃薯在元月上旬切块催芽，2月10号左右播种，播后用地膜覆盖，5月下旬收获；玉米在3月上旬单行套种于马铃薯垄沟内，6月下旬收获；胡萝卜7月中下旬播种，11月下旬收获。

(2)马铃薯栽培技术 马铃薯种植选用早熟品种，早催大芽，早播种，早收获。这样，一方面马铃薯提早成熟，商品薯率高，市场好，售价高；另一方面可缩短与玉米的共生期，为玉米的生长创造良好的环境条件。

①品种选择　选用早熟、优质、高产的豫马铃薯一号、豫马铃薯二号、中薯三号、费乌瑞它、东农 303 或早大白等马铃薯品种。

②催大芽　催大芽有利于早出苗，早成熟。一般元月 10 号左右切块催芽。将种薯切块后放在散射光下晾晒 1 天，埋入湿润的沙（或土）内，约 20 天后芽长到 2 厘米左右时，将薯块扒出，放到散射光下，使芽绿化后播种。这样苗壮，抗病，增产效果好。

③整地施肥　播种前将土地整好待播。如果干旱，要提前灌水，以保证适墒播种。因 3 月份就要套播玉米，中间追肥不便操作，所以整地时要将基肥一次施足，以满足马铃薯整个生长期的需要。每 667 平方米施腐熟有机肥 5 000 千克，三元复合肥（15－15－15）100 千克（或磷酸二铵 30 千克、尿素 30 千克、硫酸钾 30 千克），硫酸锌 1 千克，硼砂 0.5 千克。

④播　种　河南省及中原地区适宜的播期是 2 月 10 日左右，5 月中下旬收获。采用一垄双行栽培，垄面宽 60 厘米，垄沟宽 20～25 厘米，一垄双行，小行距 20～25 厘米，株距 20～25 厘米，深度一般在 15 厘米左右。播种后地膜覆盖，出苗时要及时破膜，以免烧苗。

⑤田间管理　生长期间要保持土壤湿润，小水勤浇，忌忽干忽湿，大水漫灌。生长中后期，视生长情况可进行一次叶面施肥，喷 0.2%磷酸二氢钾。春季病害很少，如发生早疫病或晚疫病，可用乙膦铝和杀毒矾等防治。害虫有蚜虫、地老虎、蝼蛄和蛴螬。蚜虫可用抗蚜威、吡虫啉等防治，地老虎、蝼蛄和蛴螬可用毒饵诱杀。

(3)玉米栽培技术　品种选用生育期短的早熟品种，如郑单 958、掖单 22、掖单 51 和 9362 等品种。3 月上中旬马铃薯苗全部出齐后，将玉米单行密植于马铃薯垄沟内，株距 20 厘米左右。6

月下旬收获。

①田间管理　在幼苗期(即5～6叶期),结合马铃薯浇水,早追攻苗肥,每667平方米追尿素5～10千克。10～11片叶期重追一次攻穗肥,每667平方米追施碳酸氢铵50千克。5月下旬马铃薯收获后,要加强玉米中后期管理,给玉米施肥、培土和浇水,每667平方米施尿素5～10千克,以促进玉米籽粒膨大。

②病虫害防治　幼苗期主要防治地老虎、蝼蛄和蛴螬,方法同马铃薯病虫害防治;喇叭期防治玉米螟,用呋喃丹拌细土制成毒土颗粒剂,施到玉米心叶内,每株放入3～4粒;后期施井冈霉素,防治纹枯病。

(4)胡萝卜栽培技术

①品种选择　选用优质、高产、圆柱形、皮肉心均为红色的品种。目前较理想的品种有郑参一号、郑参丰收红和日本新黑田五寸人参等。

②精细整地　玉米收获后,及时清茬整地。胡萝卜是根菜类作物,整地要细,施肥要均匀。播前深耕细耙,耕深不浅于25厘米。耕层太浅,肉质根易发生弯曲、裂根与叉根。结合耕翻整地,每667平方米施充分腐熟的农家肥5 000千克,磷、钾肥和速效氮肥15千克。如果没有有机肥,可每667平方米施复合肥50千克加少量尿素和磷酸二氢钾。

③适期播种　河南省多数地区秋播胡萝卜的适宜播期是7月中下旬,11月下旬至12月上旬收获。可高垄种植,也可平畦种植,但以高垄种植效果最好,肉质根顺直,商品率高。地整平后作垄,垄距60厘米左右,垄面宽30～40厘米,垄沟宽25～30厘米,垄高20厘米左右。垄面表土一定要细碎、平整,以利于播种和发芽整齐。一垄双行,小行距20厘米,株距10厘米左右。播种时,将种子均匀播在垄上的浅沟内,播后盖上一层薄细土,轻镇压,播种后上盖一层麦秸、稻草或秸秆保湿,以防雨后板结,利于出苗,或

撒播青菜，待胡萝卜出苗后及时拔菜上市。

④田间管理　播种后保持土壤湿润，创造有利于种子发芽和出苗的条件。在苗期应进行两次间苗，定苗苗距一般为10厘米左右。结合间苗拔草和中耕松土除草。中耕要浅，以免伤根。也可以在播后出苗前用除草剂除草。

在胡萝卜的整个生育期，要浇水追肥2～3次。第一次浇水不要太早，一般在定苗后5～7天进行，浇水量要小，结合浇水，每667平方米施硫酸铵2.5～3千克，过磷酸钙3～3.5千克，钾肥2.5～3千克。第二次浇水在8～9片真叶时，即肉质根膨大初期进行，结合浇水每667平方米追施硫酸铵7.5千克，过磷酸钙3～3.5千克，钾肥3～3.5千克。以后是否追肥浇水，可视生长情况而定。另外，中耕时需注意培土，防止肉质根膨大露出地面形成青肩。

⑤病虫害防治　胡萝卜的病害，主要有黑斑病、黑腐病、软腐病和白粉病。黑斑病和黑腐病的防治是播种前用种子重量0.3%的50%福美双或70%代森锰锌拌种，或在发病初期选喷75%百菌清600倍液、70%代森锰锌600倍液，隔7～10天一次，连续防治2～3次。软腐病防治方法是，在发病初期喷洒14%络氨铜水剂300倍液，或50%琥胶肥酸铜(DT)500倍液。害虫有地老虎、蝼蛄和蛴螬，防治方法同马铃薯虫害防治。

六、提高商品性的胡萝卜病虫害防治

77. 影响胡萝卜商品性的生理病害有哪些？

胡萝卜的生理病害，包括有根颜色变淡、心柱变粗、烂根、杈根和弯曲裂根、瘤状根以及根皮变绿等。这些病害严重影响胡萝卜的外观和品质，进而降低胡萝卜种植的经济效益。

78. 胡萝卜根颜色变淡的原因是什么？如何进行防治？

胡萝卜根颜色变淡，无光泽，长相差，其发生主要原因有四点。一是土壤通气性差。胡萝卜肉质根着色与胡萝卜素形成有关，而胡萝卜素的形成又与土壤通气与否有关。土壤中空气较充足时，胡萝卜素形成多，着色良好。反之，在土壤坚实、空气少、排水不良的田块上生长的色泽差。二是土壤温度不稳定。一般温度在21℃以上时，胡萝卜素形成不良，在16℃以下时，着色也欠佳，在16℃～21℃的温度范围内，有利于胡萝卜素的形成，着色最好。三是施氮肥偏多，偏重，抑制胡萝卜素的合成，使根色变浅。四是缺铜。

防治方法：选择壤土或砂壤土种植。耕作层要深翻，施足有机肥，保持土壤耕层内具有良好的物理性状；及时排出田内积水，提高土壤的通气性。控制好播种时期，使根生长的温度在21.1℃～26.6℃的范围内。这样形成的根色深，长相好，品质优。根据胡萝卜吸肥量，控制氮肥用量，平衡施肥。在土壤缺少微量元素铜时，施肥时应多施入一些含铜肥料，每667平方米用硫酸铜种肥1～2

千克，或用硫酸铜1～2克拌种。

79. 胡萝卜心柱变粗的原因是什么？如何进行防治？

胡萝卜肉质根的结构为外面的皮层、中间的心柱和发达的次生韧皮部。次生韧皮部的肥厚是胡萝卜优良品质的象征，正常生长收获的胡萝卜次生韧皮部越厚，心柱越小，营养价值越高。收获的胡萝卜在横断面上心柱布满整个内部，质量很差。主要原因是收获过晚。

防治方法：及时收获。胡萝卜正常收获期的特征是大多数品种表现心叶呈黄绿色，外叶稍有枯黄，有的因直根肥大使地面出现裂纹，有的根头部稍露出土表。如果收获过早，肉质根膨大不完全，甜味淡，产量低。如果收获过晚，心柱木质部继续膨大过度，质量就会降低，品质差。

80. 胡萝卜烂根的原因何在？如何进行防治？

有的胡萝卜挖出后，发现其肉质根已烂掉，失去商品性。主要原因是土壤湿度过大。

防治方法：注意土壤水分，控制浇水次数。从定苗到收获，应根据追肥情况浇水，避免浇水过多。如果肉质根膨大期间雨水过多，应及时排涝。同时，要根据土壤墒情确定中耕次数，中耕不宜过深。

81. 胡萝卜发生杈根的原因何在？如何进行防治？

胡萝卜发生杈根的原因较多，主要有以下几个方面：

(1)种子质量欠佳　陈种子生活力较弱，发芽不良，影响幼根先端的生长。有的胚根受到破坏，容易产生分杈。雨季收获的种子由于授粉不良，易形成无胚或胚发育不良的种子，播种这些种子，肉质根易产生分杈。

(2)土壤质地不良 黏重土壤中的胡萝卜，由于透气性较差，生长容易受阻，肉质根侧根易膨大形成分杈；耕作层浅而坚硬的地块，主根生长受阻，促使侧根发育，肉质根易产生分杈；土壤中有碎石、砖头、瓦块和树根等坚硬物，阻碍肉质根生长，也会产生分杈。

(3)施肥不当 胡萝卜对土壤中肥料溶液浓度很敏感，适宜其正常生长的土壤溶液浓度，幼苗期为0.5%，肉质根膨大期为1%，浓度过高肉质根易产生分杈。所以施肥过量或追肥不均，会引起胡萝卜分杈；施用未腐熟的新鲜有机肥、种子播种在粪块上或与化肥直接接触，均可引起肉质根分杈。

(4)管理粗放 中耕、锄草时不注意而损伤了肉质根或生长点，容易产生分杈。

(5)地下害虫危害 根结线虫严重的地块，分杈严重。另外蝼蛄、蛴螬等地下害虫的咬食，也会使肉质根伸长生长停滞，引起侧根膨大而产生分杈。

防治方法：选择肉质根顺直、耐分杈的优质高产品种，如郑参一号、郑参丰收红、日本新黑田五寸人参和红誉五寸等。购种时，要选择新鲜饱满、发育完全的种子。种植的地块要选择砂壤土或壤土，尽量不要在土质黏重的土地上种植。地块要深耕细耙，耕深不浅于25～30厘米，纵横细耙2～3次，力争土细；整地时不要漏耕漏耙，特别是地边地头一定要耕耙周到。同时，要注意捡出地里的碎砖、瓦片、石块和树根等杂物。要施用充分腐熟的有机肥，力争使有机肥细碎，撒施要均匀。注意及时防治地下害虫，避免虫害。

82. 胡萝卜发生裂根的原因何在？如何进行防治？

胡萝卜肉质根当发生纵向开裂时，裂沟可深达心柱，不但影响商品外观和品质，商品性大大降低，而且还容易腐烂，不耐贮藏。

(1)裂根原因 一是生长期中土壤水分供应不均匀。一般是生长初期干旱，肉质根生长不良，内部细胞分裂缓慢，表皮逐渐硬化。而生长中后期由于雨水或灌水充足，内部细胞吸水加速分裂和膨大，而已硬化的表皮不能相应地生长，就会出现肉质根开裂现象。二是追肥过量，营养过剩，或间苗时定苗过稀，营养面积过大，肉质根过速生长，也会造成肉质根开裂。

(2)防治方法　一要均匀浇水，忌干湿不均。特别是胡萝卜生长初期，要保证主根的正常生长。一般土壤含水量保持 60%～80%。二要追肥适量、均匀，追肥要少量多次。生长期间一般追肥 2～3 次。定苗后进行第一次追肥，要偏施氮肥，每 667 平方米追施尿素 10 千克左右；肉质根膨大期进行第二、三次追肥，偏施磷、钾肥，每次每 667 平方米追施氮磷钾复合肥 15 千克。三要合理密植，一般中小型品种株距 10～12 厘米，大型品种株距 13～15 厘米。

83. 胡萝卜发生瘤状根的原因何在？如何进行防治？

有的胡萝卜肉质根上出现许多瘤状物，成为瘤状根，降低胡萝卜品质，几乎无商品性。主要原因一是土质的影响，二是水分变化大，土壤干湿变化过快，根表面的气孔突起较大，容易形成瘤状物。

防治方法：一是选择土层深厚、排水良好、无大石块等杂物、富含腐殖质的轻砂壤土或壤土，不要栽在质地黏重的土壤里。前茬作物收后及时清洁田园，施足充分腐熟的有机肥，进行深耕细耙。二是要保持土壤的有效含水量为 60%～80%，切忌忽干忽湿，要见干见湿。

84. 胡萝卜根皮变绿的原因何在？如何进行防治？

胡萝卜肉质根变绿，是因为根肩部露出土表，受到阳光照射。主要原因是培土不严。在土壤耕层浅且土质硬的地块，当肉质根尖端下伸时，就把肩部顶出地面；肉质根膨大期，在浇水或下雨后，畦垄很容易干裂，使肩部露出地面，形成绿肩胡萝卜。

防治方法：一方面要加深耕作层，使耕层保持在25～30厘米；另一方面进行培土。在间苗、定苗、浇水施肥后，适当浅中耕。结合中耕进行培土，将细土培于胡萝卜根头部，但要注意不能把植株地上部的株心部埋住。

85. 生长期间影响胡萝卜商品性的病害有哪些？

胡萝卜生长期间容易发生的真菌病害，有黑斑病、黑腐病和白粉病等；细菌病害主要有软腐病；病毒病主要有花叶病毒病。这些病害发生严重时，不仅损害植株地上部的长势，而且对肉质根的外观和品质都有严重的影响，使肉质根商品性大大降低。所以在病害发生时，要注意综合防治。

86. 怎样防治胡萝卜黑斑病？

（1）黑斑病病原 胡萝卜链格孢，属半知菌亚门真菌。

（2）发病条件 病菌以菌丝体或分生孢子随病残体在土壤中越冬，借风雨传播。高温、干旱易发病。发病适温为28℃左右，15℃以下或35℃以上不发病。缺肥、生长势弱发病加重。

（3）危害症状 主要危害叶片、叶柄和茎秆。叶片多从叶尖或叶缘发病，产生褐色小病斑，有黄色晕圈，扩大后为外部呈不规则形黑褐色、内部为淡褐色的病斑。后期叶缘上卷，从下部枯黄。潮湿时病斑上密生黑霉。茎和花柄发病后，产生长圆形黑褐色稍凹陷病斑，易折断。

（4）防治方法 播前用种子重量0.3%的50%福美双或70%代森锰锌拌种。从无病株上采种，做到单收单藏。实行2年以上轮作，增施基肥和追肥。发病初期喷洒70%代森锰锌600倍液，隔7～10天喷一次，连续防治2～3次。在病害发生期，用64%杀毒矾可湿性粉剂600～800倍液，或50%甲霜灵锰锌可湿性粉剂

500～800 倍液，50%扑海因可湿性粉剂 1 500 倍液，进行喷施防治。隔 10 天左右一次，连续防治 3～4 次。

87. 怎样防治胡萝卜黑腐病?

(1)黑腐病病原 胡萝卜黑腐链格孢菌，属半知菌亚门真菌。

(2)发病条件 病菌以菌丝体或分生孢子在病残体或病根中越冬。第二年春季，分生孢子借气流传播蔓延。温暖多雨天气有利于发病，容易从伤口入侵。

(3)危害症状 苗期至采收期或贮藏期均可发生。主要危害肉质根、叶片、叶柄及茎。叶片染病后，形成暗褐色病斑，严重的致叶片枯死。叶柄上病斑为长条状。茎上多为梭形至长条形斑，病斑边缘不明显。湿度大时表面密生黑色霉层。肉质根染病后多在根头部形成不规则形或圆形稍凹陷黑斑，上面有黑色霉状物，严重时病斑扩展，深达内部，使肉质根变黑腐烂。

(4)防治方法 清除田间病株残体，予以深埋或烧毁，以减少田间病原。播前用种子重量 0.3%的 50%福美双或 70%代森锰锌拌种。从无病株上采种，做到单收单藏。实行两年轮作，增施基肥和追肥。在病害发生期，用 64%杀毒矾可湿性粉剂 600～800 倍液，或 50%甲霜灵锰锌可湿性粉剂 500～800 倍液，50%扑海因可湿性粉剂 1 500 倍液，隔 10 天左右一次，连续防治 3～4 次。发病初期喷洒 75%百菌清 600 倍液，或 70%代森锰锌 600 倍液，隔 7～10 天一次，连续防治 2～3 次。

88. 怎样防治胡萝卜白粉病?

(1)白粉病病原 白粉菌，属子囊菌亚门真菌。

(2)发病条件 病菌以菌丝体在多年生寄主活体上存活越冬，也可以闭囊壳在土表病残体上越冬。翌年条件适宜时，产生子囊孢子引起初侵染，发病后病部产生分生孢子，借气流传播，多次重复再侵染，扩大危害。在高温、高湿或干旱环境条件下易发生，发病适温为20℃～25℃，相对湿度为25%～85%，但以高湿条件下发病重。胡萝卜生长不良、抵抗力低时，早播和多肥时，春季生殖生长时期发病重。

(3)危害症状 主要危害叶片和叶柄。一般多先由下部叶片发病，逐渐向上部叶片发展。发病初时，在叶背或叶柄上产生白色至灰白色粉状斑点，发展后叶片表面和叶柄覆满白粉霉层，后期形成许多黑色小粒点。发病重时，由下部叶片向上部叶片逐渐变黄枯萎。

(4)防治方法 选用抗病品种，如金港五寸和三红胡萝卜等。合理密植，避免过量施用氮肥，增施磷、钾肥，防止徒长。注意通风透光，适当灌水，雨后及时排水，降低空气湿度。种子消毒：用55℃温水浸种15分钟，或用15%三唑酮可湿性粉剂拌种后再播种。及早间苗和定苗。及时铲除田间杂草。发现初始病叶要及时摘除，以减少田间菌源，抑制病情发展。收获后，彻底清除田间病残体，予以集中烧毁或深埋，减少来年初侵菌源。发病初期，要及时进行药剂防治，可喷洒40%多硫悬浮剂500倍液，或15%三唑酮可湿性粉剂1 500～2 000倍液、50%多菌灵可湿性粉剂500倍液、70%甲基硫菌灵可湿性粉剂800倍液、70%甲基托布津可湿性粉剂800倍液、50%硫黄悬浮剂300倍液、30%特富灵可湿性粉剂2 000倍液、2%武夷霉素水剂200倍液、12.5%速保利可湿性粉剂2 500倍液。

89. 怎样防治胡萝卜细菌性软腐病？

(1)细菌性软腐病病原 胡萝卜软腐欧文氏菌胡萝卜软腐致病型，属于细菌。

(2)发病条件 病原细菌在病根组织内或随病残体遗落土中，或在未腐熟的土杂肥内存活越冬，成为初侵染源。病菌从自然伤口、机械伤口、虫伤或叶片的气孔及水孔等处侵入。伤口往往是长期干旱后下大雨、遇暴风雨、中耕松土以及地下、地上害虫为害等造成。在夏、秋高温多雨、排水不良地块发病严重。

(3)危害症状 主要危害地下部肉质根,田间或贮藏期均可发生。在田间,地上部茎叶变黄萎蔫,根部染病初呈湿腐状,后扩大,病斑形状不定,边缘明显或不明显。肉质根组织软化,呈灰褐色,腐烂汁液外溢,具臭味。

(4)防治方法 实行与大田作物轮作两年,或水旱轮作。高畦或高垄直播栽培,不宜过密,通风良好,加强排水。及早防治地上、地下害虫。发病后适当控制浇水。发现病株,要拔除带出田外销毁,并在病株附近撒生石灰消毒。发病初期喷洒新植霉素 4 000 倍液,或 72%农用硫酸链霉素可湿性粉剂或硫酸链霉素 4 000 倍液,或 14%络氨铜水剂 300 倍液,隔 7～10 天喷一次,共喷 2 次。若发病重,可用 50%代森锌 500～600 倍液,或 50%琥胶肥酸铜(DT)可湿性粉剂 500 倍液,或 77%可杀得可湿性微粒粉剂 500 倍液喷雾,连防 2～3 次,间隔期为 7～10 天。

90. 怎样防治胡萝卜花叶病毒病?

(1)花叶病毒病病原 胡萝卜花叶、薄叶、斑驳等病毒。传毒虫媒为埃二尾蚜和胡萝卜微管蚜及桃蚜。

(2)发病条件 田间主要通过蚜虫传播,也可通过人工操作接触摩擦传毒。栽培管理条件差、干旱、蚜虫数量多时发病重。

(3)危害症状 胡萝卜苗期或生长中期发生,植株生长旺盛叶片受害,轻者形成明显斑驳花叶,重者呈严重皱缩花叶,有的叶片扭曲畸变。

(4)防治方法 清洁田园,及时清理病残株,予以深埋或烧毁。及早防治蚜虫,减少传毒机会,用 2.5%功夫 3 000～4 000 倍液,或 10%吡虫啉 15 克/667 平方米。用 1.5%植病灵 1 000 倍液喷雾,或 1∶20～40 的鲜豆浆低容量喷雾，隔 7 天喷一次，连喷 3～4 次。发病初期喷洒 20%病毒 A 可湿性粉剂 500 倍液防治。

91. 损害胡萝卜商品性的虫害有哪些？

损害胡萝卜商品性的害虫，有根结线虫、蚜虫、茴香凤蝶、蛴螬、蝼蛄和金针虫等。这些害虫危害胡萝卜植株，特别是危害胡萝卜肉质根，严重损害胡萝卜的商品性。

92. 怎样防治根结线虫病？

(1)发病条件 幼虫在土中存活 1 年，以幼虫在土中，或以幼虫及雌成虫在寄主体内越冬，翌春卵孵化为幼虫。

(2)危害症状 主要发生在根部。地上部表现症状因发病的程度不同而异。轻病株症状不明显，重病株生长发育不良，叶片中午萎蔫或逐渐枯黄，植株矮小，影响结实，发病严重时，全田植株枯死。地下部染病后产生瘤状大小不等的根结，解剖根结，病部组织里有很多细小的乳白色线虫埋于其内。

(3)防治方法 重病田灌水 10～15 厘米深，保持 1～3 个月，使线虫缺氧窒息而死。收获后彻底清洁田园，将病残体带出田外集中烧毁，压低虫源基数，减轻病害的发生。在发病初期，用 1.8%虫螨克 1 000 倍液灌根，每株灌 0.5 升，间隔 10～15 天灌根 1 次。

93. 怎样防治蚜虫？

(1)发生条件 世代重叠发生严重。北方地区春、秋发生严重。

(2)危害症状 主要危害叶子，危害留种植株的嫩茎、嫩叶和花。

(3)防治方法 保护天敌，如瓢虫、食蚜蜂和草蛉等，利用天敌消灭蚜虫。清洁田园，清除残株败叶。翻耕前可对本田及周围喷一次杀虫剂。进行药剂防治：主要用抗蚜威可湿性粉剂2 000～3 000倍液，或20%菊马乳油2 000倍液，40%乐果乳油1 000～2 000倍液，喷雾防治。

94. 怎样防治茴香凤蝶？

(1)茴香凤蝶生活习性　一年发生2代，以蛹在灌丛树枝上越冬。翌春4～5月间羽化，5～6月份第一代幼虫发生，6～7月份成虫羽化，7～8月份第二代幼虫发生。卵散产于叶面。幼虫夜间活动取食。

(2)危害症状　幼虫食叶，食量很大，从而影响胡萝卜生长。

(3)防治方法　主要是化学防治。可用90%敌百虫晶体1 000倍液，BT乳剂或青虫菌6号500～800倍液，21%灭杀毙乳油4 000倍液，2.5%功夫乳油5 000倍液，喷雾防治。

95. 怎样防治地下害虫蛴螬？

(1)发生条件　蛴螬为鞘翅目金龟甲科幼虫的统称。该虫以幼虫或成虫在无冻土层中越冬。其活动与土壤温度密切相关，当地表下10厘米处地温达5℃时，开始上升至表土层；13℃～18℃时活动最盛；23℃以上则潜入土层深处。北方地区发生比较普遍。对春胡萝卜危害较重，尤其是施用未腐熟有机肥的田地受害更重。

(2)危害症状　在地下啃食萌发的种子，咬断幼苗根茎，致使幼苗死亡，或造成胡萝卜主根受伤，使肉质根形成杈根。

(3)防治方法　不施用未腐熟的有机肥，防止招引成虫产卵，减少将幼虫和虫卵带入土内的机会。人工捕杀幼虫或成虫。进行药剂防治：用21%增效氰马乳油8 000倍液，或50%辛硫磷乳液，或用80%敌百虫可湿性粉剂800倍液灌根，每株灌药液150～250

毫升。

96. 怎样防治地下害虫蝼蛄?

(1)发生条件 蝼蛄以成虫、若虫在地下60～70厘米或以下土层深处越冬。它有趋光性和喜湿性,喜欢温暖、潮湿的土壤,在地表下20厘米土温14℃～20℃时进入危害盛期。

(2)危害症状 在土中咬食种子及幼芽,或在土中钻成隆起的“隧道”,使幼苗根部与土壤分离,或咬断幼苗地下根茎,造成幼苗死亡。

(3)防治方法 蝼蛄对香甜物质、马粪有强烈趋性。如果施用充分腐熟的粪肥,可每667平方米用5%辛硫磷颗粒剂1～1.5千克,在播种后撒于垄播沟内,然后覆土,有一定预防作用。已发生蝼蛄危害时,可用毒饵诱杀。将豆饼、麦麸5千克炒香,用90%晶体敌百虫或50%辛硫磷乳油150克对水30倍搅匀,每667平方米用毒饵2～2.5千克,在傍晚撒于田间。

97. 怎样防治地下害虫金针虫?

(1)发生条件 金针虫在北方地区1年发生2～3代,以幼虫和成虫在土中越冬,2月份开始活动,4～5月份后开始为害。对春播和夏播胡萝卜均有危害。

(2)危害症状 危害胡萝卜种子、幼苗的根及胡萝卜肉质根,使幼苗枯萎死亡,使肉质根畸形、破伤等。

(3)防治方法 冬季上冻前深翻地,把金针虫越冬的成虫和幼虫翻出地面,使其被冻死或让天敌捕杀。施用腐熟的有机肥。田间可用黑光灯诱杀成虫,或用毒土杀虫。其方法是用2.5%敌百虫粉1.5～2千克,拌干细土10千克,撒于地面,整地做畦时翻于土中。还可在幼虫大量发生的田块,用敌百虫药液灌根。

98. 怎样防治甜菜夜蛾?

(1)发生条件 北方地区一年繁殖 4～5 代，南方地区可全年繁殖。成虫夜间活动，有趋光性。幼虫 3 龄前群集为害，但食量小；4 龄后，食量大增，昼伏夜出，有假死性。在华北地区 7～8 月份危害较重。

(2)危害症状 初孵化的幼虫在叶背吐丝结网，取食叶肉，留下表皮，形成透明的小孔。3 龄后可将叶片吃成孔洞或缺刻，严重时仅留叶脉和叶柄。

(3)防治方法 进行秋耕或冬耕，消灭部分越冬蛹。在田间采用黑光灯诱杀成虫。春季 3～4 月间清除杂草，消灭初龄幼虫。进行药剂防治：对初孵幼虫用 5%抑太保乳油 2 500～3 000 倍液喷雾。或用 10%除尽乳油 1 500 倍液，52.25%农地乐 1 000 倍液，2.5%菜喜 500 倍液喷雾。晴天时在傍晚用药，阴天可全天用药。也可以每 667 平方米用 4.5%的高效氯氰菊酯 25 毫升加灭幼脲 3 号 25～30 毫升，对水 30 升，于上午 9 时以前、下午 5 时以后害虫出来活动时，喷雾防治。

99. 怎样对胡萝卜病虫害进行综合防治?

进行胡萝卜病虫害防治，要贯彻“预防为主，综合防治”的方针，进行综合防治。

(1)农业防治(包括物理防治) 选用胡萝卜优良抗病品种。选择适合当地生长的高产、抗病虫、抗逆性强、品质好的优良胡萝卜品种进行栽培，可减少施药或不施药。这是防病增产的有效方法。

在田间管理上，要从预防着手，实行轮作倒茬。要清洁田园，消除病株残体、病胡萝卜和杂草，予以集中销毁或深埋，以切断传播的途径。采取深翻晒土，床土消毒，种子消毒，配方施肥等农业措施，提高植株的抗病能力。

物理诱杀或驱避害虫，例如，用黄板诱杀蚜虫和白粉虱，用银灰色反光膜驱避蚜虫，用黑光灯、频振式杀虫灯和糖醋液，诱杀蛾类等。

(2)生物防治 可以释放害虫的天敌防治害虫，如赤眼蜂可防治地老虎，七星瓢虫可防治蚜虫和白粉虱，还有捕食螨和天敌蜘蛛等。可以利用微生物之间的拮抗作用，如用抗毒剂防治病毒病等。也可以利用植物之间的生化他感作用，如与葱类作物混种，可以防止枯萎病的发生等。

(3)化学防治 当生长期间发生病害时，要进行化学防治，即农药防治。禁止使用国家明令禁止的高毒、剧毒、高残留的农药及其混配农药品种。各农药品种的使用要严格按照 GB4286、GB/T8321(所有部分)和 Dd32/T343.2－1999 规定执行，严格控制农药用量和安全间隔期。防治时，要注意对症下药，适时施药，适量用药，适法施药，均匀施药，轮换用药，合理混用农药。化学防治要以生物农药防治为主，有限度地使用农用抗生素，绝不使用禁用农药。防治胡萝卜真菌性病害常用农药有福美双、代森锰锌、杀毒矾、甲霜灵锰锌、扑海因、百菌清和多菌灵等。防治细菌性病害常用农药有农用硫酸链霉素、络氨铜水剂、代森锌和琥胶肥酸铜(DT)可湿性粉剂等。

(4)综合防治 防治病虫害，不能只依赖农药防治。长期大量或过量使用农药，会杀伤自然天敌，破坏生态平衡，容易导致病、虫抗药性增加，更难防治。所以，要结合当地实际情况，将农业防治和物理、生物、化学防治结合起来，避免不必要的过量用药。

七、提高商品性的胡萝卜采收及采后处理

100. 采收期的早晚对胡萝卜商品性有哪些影响?

适时采收对胡萝卜的贮藏具有很重要的意义。秋播胡萝卜的采收一般在霜降前后进行。采收过早,会因为土温、气温尚高而不能及时下窖,或下窖后不能使贮藏温度迅速降低,容易促使胡萝卜萌芽和变质;采收过晚,则直根生长期过长,贮藏中容易糠心,还可能使直根在田间遭受冻害,而贮藏受冻的直根常会大量腐烂。为了使胡萝卜能达到适宜的成熟度,并且适时采收,就必须掌握好播种和收获时期。各地要根据当年的气候特点和种植情况,灵活掌握采收期。

101. 胡萝卜采后应如何进行处理?

胡萝卜采后,要剔除有病虫及机械损伤的胡萝卜,因为受伤的胡萝卜在贮窖中容易变黑、霉烂。入贮时,要削去茎盘,以防止萌芽。但这种处理会造成大伤口,使胡萝卜易感病菌和蒸发水分,并因刺激呼吸而增加养分消耗,反而容易糠心;而只拧缨而不削茎,则又易萌芽,也会促进糠心。因此,宜改用只刮去生长点而不切削的办法,或在下窖时只去缨、到贮藏后期窖温回升时再削顶。胡萝卜贮藏时是否削顶或何时削顶,要根据茎盘的大小、气候条件和贮藏方法等综合考虑其得失而定。例如,采用潮湿土层埋藏法,就必须削去茎盘,以防萌芽;留种胡萝卜则不能削顶或刮芽。最好采后当即分级下窖贮藏。如外界温度尚高,则可在窖旁或田间对胡萝

卜进行短期预贮，将其堆积在地面或浅坑中，上覆薄土，设通风道通风散热，待地面开始结冻时再下窖。

102. 怎样掌握胡萝卜采后分级的标准？

胡萝卜采收后，应按照一定的标准，进行分级。胡萝卜的不同级别，是它的商品性的具体反映。胡萝卜进入市场要分级销售。以出口胡萝卜分级标准为例：一级：皮、肉、心柱均为橙红色，表皮光滑，心柱较细，形状优良整齐，质地脆嫩，没有青头、裂根、分杈、病虫害和其他伤害。二级：皮、肉、心柱均为橙红色，表皮比较光滑，心柱较细，形状良好整齐，微有青头，无裂根和分杈，无严重病虫害和其他伤害。

规格标准分级：胡萝卜的规格大小一般分为 L、M、S 三级，也有 L、M 两级或 2L、L、M、S 四级，或 2L、L、M、S、2S 五级。分级标准因品种不同而异，有按长度的，有按直径的，有按重量的，更多的是结合几项指标综合考虑分级。例如四级标准：S 级：单个胡萝卜重量在 150 克以下；M 级：单个胡萝卜重量为 150～200 克；L 级：单个胡萝卜重量为 200～300 克；2L 级：单个胡萝卜重量在 300 克以上。

103. 贮藏条件对胡萝卜商品性有何影响？

在胡萝卜中，以皮色鲜艳、根细长、根茎小、心柱细的品种较耐贮藏。贮藏用的胡萝卜首先要刮去茎部的生长点，防止发芽糠心。胡萝卜没有生理上的休眠期。它的肉质根主要由薄壁细胞组织构成，表皮缺乏角质、蜡质等保护层，保水能力差。性喜冷凉多湿的环境，在贮藏中遇到适宜条件便萌芽抽薹，从而促使薄壁细胞组织中的水分和养分向生长点（顶芽）转移，造成萌芽和糠心。不仅使肉质根失重，糖分减少，而且组织绵软，风味变淡，降低食用品质。若贮藏温度高，气温低，则不仅会因萌芽和蒸腾脱水而导致糠心，而且也会增大自然损耗；若贮温过低，低于0℃，则肉质根易受冻害，使品质降低，易腐烂。温度过高或过低，都会直接影响胡萝卜的商品性。因此，胡萝卜的贮藏环境必须保持低温、高湿的条件。胡萝卜肉质根细胞和细胞间隙较大，具有高度的通气性，并能忍受较高浓度的CO^2，CO^2浓度达8%～10%也无伤害，因此胡萝卜也适宜密闭贮藏。胡萝卜对乙烯敏感，贮藏环境中低浓度的乙烯就能使胡萝卜出现苦味。因此，胡萝卜不宜与香蕉、苹果、甜瓜和番茄等放在一起贮运，以免降低胡萝卜的品质。

104. 胡萝卜贮藏对温度、湿度有何要求?

贮藏胡萝卜要求保持低温、高湿环境。贮藏温度宜在0℃～5℃，相对湿度为90%～95%左右。贮温高于5℃则易发芽，低于0℃便易受冻害。受冻后不但品质下降，而且易腐烂。

105. 胡萝卜的贮藏方法主要有哪些?

胡萝卜的贮藏方法很多，有塑料袋贮藏、简易包泥贮藏、沟藏、窖藏和冷库气调贮藏等。我国南方地区现在多推广用塑料袋包装或冷库气调方法结合低温贮藏。这两种方法在贮藏期间要定期开袋放风或揭帐通风换气，一般自发气调结合低温贮藏可使胡萝卜贮期由常温贮藏的2～4周延长到6～7个月。

采用比较多的贮藏方法有以下5种：

(1)塑料袋小包装贮藏 把胡萝卜装入聚乙烯塑料袋中，每袋1千克左右，扎紧袋口放在1℃下贮藏。

(2)简易包泥贮藏 适用于少量贮藏。把胡萝卜放到泥浆中浸蘸，捞出后放入木箱或筐中阴干，约两天后，在胡萝卜表面会形成一个密闭的泥壳，然后就可以装入筐中放到阴冷的室内或窖内贮藏，窖温应保持在0℃～1℃，高于3℃时容易生芽。

(3)沟　藏 选择地势较高、排水良好、保水性较强的地块挖贮藏沟。贮藏沟一般宽1～1.5米，过宽会增大气温的影响，减少土壤的保温作用，难以保持沟内的稳定低温。沟的深度应当比当地冬季的冻土层再深0.6～0.8米。长度视贮量而定。沟多为东西方向。挖沟时，将表层的熟土放在沟的南侧起遮荫作用，利用土堆遮荫，要尽可能增加其高度，在贮藏的前中期便可起到良好的降温和保持恒温的作用。生土层放在沟北侧，生土较洁净，杂菌少，可供覆盖用。最好在上午10点之前放胡萝卜，可以散堆，也可以分层堆放，厚度一般为40～50厘米。覆土厚度为10厘米左右，以后随着气温的降低再次覆土，覆土总厚度要大于当地冻土层的厚度。翌年天气转暖时，除掉覆土，挑出腐烂的直根，完好的削去顶芽放回沟内，覆一层薄土，可继续贮存一段时间。

(4)窖　藏　窖藏可以散堆贮藏和层积贮藏。散堆贮藏时，堆放高度不超过1.5米。为防止温度升高引起腐烂，可以在堆中放几个通气秫秸把，利于通风散热。层积贮藏时，先在窖底放一层8～10厘米厚的细沙，然后一层沙一层胡萝卜，共堆放80厘米左右厚，中间每隔1米放一个通气筒，防止出现高温，最上层放湿沙20厘米厚。有的地方少量贮藏时，把胡萝卜放到泥浆中浸蘸后捞出放在筐中阴干，窖藏。窖内温度保持在0℃～2℃，相对湿度保持在90%～95%。

(5)冷库气调贮藏　在冷库内将胡萝卜堆码成一定大小的长方形垛，一般垛长2米，宽1米，高1米，每垛1000千克左右。预贮一段时间后，当库温与胡萝卜垛内的温度均降至0℃左右时，用塑料薄膜帐罩上，垛底不铺薄膜，薄膜帐容积稍大于胡萝卜垛，帐内空隙度为50%左右。膜帐四周用湿沙土压住，保持库内温度为0℃左右。封闭1.5～2个月后，当帐内氧气含量为6%～8%，二氧化碳含量为10%左右时，开帐通风，同时进行质量检查和挑选，然后重新封闭贮藏。这种方法能保持高湿，延长贮藏期，可贮藏200天左右，保鲜效果比其他方法更好。

106. 胡萝卜贮藏中产生苦味的原因何在？如何进行预防？

(1)胡萝卜产生苦味的原因 有两类化合物可引起胡萝卜产生苦味：一是绿原酸和异绿原酸类，二是异香豆素和色酮类。绿原酸和异绿原酸类，只分布在胡萝卜的表皮中，所以只引起表皮苦味；异香豆素和色酮类均匀分布在胡萝卜的所有组织中。加工前，胡萝卜引起苦味的主要原因是贮存期间产生的异香豆素。胡萝卜含有异香豆素时其甜度将下降，随着异香豆素含量的增加，胡萝卜加工品的苦味和酸味也随之增加。

异香豆素是植物在受到机械伤害、逆境条件和病虫害侵染时，其机体产生的抵御外界影响的次生代谢物，又称之为植物抗毒素。植物抗毒素含量增加，则糖含量、有机酸含量和可溶性固形物含量随之降低。当微生物侵染田间胡萝卜时，胡萝卜就会产生异香豆素，它能阻止微生物在组织内蔓延，但也能使胡萝卜变苦。胡萝卜的苦味与其生长期间的低温（10℃）和降雨量也相关，因此在雨季应注意除病灭菌。另外，粗放搬运和机械伤，都能诱导异香豆素的产生。因此，不但要注意胡萝卜采后的贮藏保鲜，也要对生长期间环境因素予以重视，避免或减少植物抗毒素的产生。

(2)防止苦味产生的措施 预防胡萝卜产生苦味，需要采取以下措施：采收时间应在早晨或傍晚温度较低时，防止热量积累。去除掉萎蔫、纤维化（带有毛根）、绿肩和残缺的胡萝卜。采收后放在阴凉处，避免阳光直射。否则，胡萝卜会加速失水，使品质下降和病害蔓延。土壤潮湿时采收，可以大幅减少机械伤害的发生。采收时要注意轻拿轻放，避免表皮伤害。严禁抛摔，防止擦、裂、断等伤害，以避免软腐病菌侵染。采收后，要尽快清洗胡萝卜，以除去杂土、杂质和清除田间热。要用干净的容器盛放运输。运输时，要用雨布或胡萝卜叶遮盖，避免阳光直射。为防止细菌软腐病菌的侵染,可以用含0.2%次氯酸钠的水清洗(用2毫升次氯酸钠加到1升水中),这样既能减轻软腐病的发生,也能防止其在贮藏期间蔓延。为了避免二次污染,清洗用的水要勤换,即在清洗水没有次氯酸钠味时或水已变得混浊时更换。这样,胡萝卜有了好的品质,才会有好的加工品质。

107. 胡萝卜贮藏期间影响其商品性的主要病害有哪些?如何进行预防?

胡萝卜贮藏期间容易发生的病害,非侵染性病害有萌芽和糠心;侵染性病害有菌核病、黑腐病、灰霉病等。

(1)胡萝卜贮藏期间病害发生的原因 气候冷凉、湿度高时田间发病重。采收早晚与胡萝卜的抗病性有一定关系,通常较老的肉质根产生愈伤组织的能力大大降低,容易被害。肉质根冻伤和擦伤,是病害在窖库中大暴发的诱因。贮藏期间,高湿常使病害迅速蔓延。对菌核病来说,贮藏期间的扩展蔓延,比入窖(库)时的菌源影响更大。

(2)胡萝卜贮藏期间的病害类型

①非侵染性病害 胡萝卜没有生理上的休眠期,在贮藏中遇有适宜条件便萌芽抽薹,这时根的薄壁组织中水分和养分向生长点转移,从而造成糠心。糠心由根的下部和根的外部皮层向根的上部内层发展。贮藏时由于空气干燥,促使蒸腾作用加强,也会造成薄壁组织脱水变糠。贮藏温度过高以及机械损伤,能促使呼吸作用与水解作用增强,从而使得养分消耗增大而变糠心。萌芽与糠心不仅使胡萝卜肉质根失重,糖分减少,而且组织变得柔软,风味寡淡,食用品质降低。所以防止萌芽和糠心是贮藏好胡萝卜的首要问题。

②侵染性病害

菌核病:真菌病害。由子囊菌亚门核盘菌属菌引起,病菌以菌核在土壤中越冬,借风、雨和接触传播。此菌寄主极多。发病适温为20℃。在潮湿、积水或栽培过密的条件下容易发病。贮藏期间,接触传染是本病造成严重烂窖的主要途径。症状为直根软化,外部出现水浸状病斑后腐烂。潮湿时直根外部缠有大量白色絮状菌丝体和鼠粪状菌核,菌核初为白色,后期为黑色的颗粒,严重时可造成整窖直根腐烂。高温下病害会迅速蔓延。对菌核病来说,贮藏期间的扩展蔓延比入窖或入库时的菌源影响更大。肉质根冻伤或擦伤,是病害在窖库中大面积暴发的诱因。

黑腐病:是胡萝卜在贮运期间较普遍的病害,但腐烂速度远比菌核病和细菌软腐病慢。它的肉质根受到危害后的主要症状,是形成不规则或近圆形、微凹陷的黑斑,上有黑色霉状物,腐烂深入内部5毫米左右,烂肉发黑,病组织稍坚硬。但如湿度大,也会呈现软腐。

灰霉病:病原为秋灰葡萄孢。真菌病菌随病残体在土壤中越冬,高温潮湿易发病。贮藏期发生多。主要危害肉质根,使肉质根软腐,上面生长灰色霉状物。防治方法是:收获、运输、入窖时防止造成机械损伤。控制窖温在1℃～3℃,及时通风、防止高温。

(3)防治方法 田间生产选用无病地栽植,与禾本科作物实行三年轮作。冬季深翻,把菌核深埋入地下,使其不能萌发。春季多中耕,破坏病菌子囊盘的产生,减少传播。及时清洁田园,烧毁田间和贮藏环境中的病残株和病叶,以减少侵染来源。雨后及时排水,合理施肥浇水,加强管理,避免偏施氮肥,防止徒长。合理密植,改善通透条件。田间喷洒石硫合剂或氯硝散,均有一定的防治效果。适时采收,尽量减少采前或采后运输时造成的直根表面的各种机械损伤。用次氯酸钠等含氯化合物,对库房及用具进行彻底的消毒。在入窖前用硫黄熏蒸杀菌消毒。如果窖藏,贮藏前期不要削去直根的茎盘。因为削去茎盘会造成大面积的伤口,易感染病菌和蒸发水分,并因刺激呼吸而增加养分消耗,容易糠心。只拧缨而不削顶，也容易萌芽和糠心。因此可以用刮去生长点而不切削的办法进行前期贮藏。到贮藏后期窖温回升时再削顶，这样既可以防止萌芽又可以防止糠心。药剂防治：菌核病发病初期可喷洒50%甲基托布津500倍液或退菌特1 000倍液，7天一次，连喷2～3次。黑腐病可在发病初期喷洒75%百菌清600倍液，或70%代森锰锌600倍液，隔7～10天喷一次，连喷2～3次。灰霉病防治可以用熏烟法，在胡萝卜入窖前每100立方米用15%腐霉利烟剂60克熏烟，隔10天左右再熏一次。

八、提高商品性的胡萝卜安全生产

108. 何谓胡萝卜无公害安全生产？要抓好哪些环节？

胡萝卜无公害安全生产，是指胡萝卜的产地环境、生产过程和产品质量，都符合国家有关标准和规范的生产活动。就是在无污染的环境中，采取恰当、科学的方法种植胡萝卜。在生产过程中，可以合理使用低毒、低残留的化学农药和化肥，上市时胡萝卜农药残留量、重金属、硝酸盐以及各种有害物质等多种对人体有毒害的物质的残留量，都符合国家规定的卫生标准。

胡萝卜无公害安全生产要抓好产地环境、品种、肥料、农药使用、生产技术等环节。

(1)选择无污染的地块　要选择大气、水质、土壤无污染，符合安全生产产地环境标准的地域，作为生产基地。

(2)选择优秀胡萝卜品种　选择产量高、抗逆性强、品质好的优秀胡萝卜品种，是达到胡萝卜安全生产的重要环节之一，这能有效地提高胡萝卜的抗病减灾能力，减轻病虫害的发生和危害，从而减少农药的使用。

(3)科学使用肥料农药　肥料使用必须满足胡萝卜生长需要，以有机肥为主，化学肥料为辅，两者配合使用。最好实行测土配方施肥。要禁止使用国家明令禁止使用的农药品种，选用高效、低毒的无公害农药，合理使用。

(4)加强生产技术的规范　按照各地区胡萝卜无公害生产技术规程，平衡施肥，浇水适宜，中耕培土及时，正确间苗定苗，及时追肥等，做到田间管理科学有效。

109. 无公害安全生产对保障胡萝卜商品性有什么意义?

胡萝卜无公害安全生产，对保障胡萝卜产品的商品性、社会市场经济、国际贸易等都有着重要意义。

(1)胡萝卜无公害安全生产是我国社会主义市场经济的需要 目前，我国经济正快速稳定地增长，人民生活水平不断提高，对各种食品的要求不只是停留在数量上，而是越来越要求食品的质量、功能和安全。人们对环保，对消费无公害食品的意识大大增强。在国家采取有力措施的情况下，发展胡萝卜安全生产，生产安全的胡萝卜产品，可以全面提高产品质量，增强其市场竞争力，从而提高农业生产适应市场经济的能力。

(2)胡萝卜无公害安全生产是农产品国际贸易的需要 胡萝卜出口是我国出口创汇的重要组成部分，出口创汇额正不断增加。但是，目前在国际贸易中，环境管制措施越来越严，标准越来越高，以环境标志为代表的绿色贸易非关税壁垒正在构筑，已经对我国的胡萝卜出口带来很大影响。因此，加快安全胡萝卜生产，提高胡萝卜质量档次，满足出口食品的要求，才能促进出口创汇。

(3)胡萝卜无公害安全生产是保护与改善农业生态环境的需要 目前，随着工农业的污染，农田污染情况十分严峻，胡萝卜质量受到很大威胁。因此，创建和保持胡萝卜安全产品基地，推广安全生产技术，形成安全产业体系，可以加大环境保护力度，从而有效保护生态环境。

110. 胡萝卜安全生产目前可遵循的标准有哪些?

胡萝卜安全生产目前可遵循的标准，有 NY5010，无公害食品、蔬菜产地环境条件；GB4286，农药安全使用标准；GB/T8321，农药合理使用准则;NY/T496,肥料合理使用准则、通则。

111. 胡萝卜安全生产对种植地环境空气质量、土壤环境质量、灌溉水质量有什么要求?

胡萝卜安全生产,要求无公害栽培种植地应符合 NY5010 对环境空气、土壤环境质量、灌溉水的规定。环境空气质量要求如表 4;土壤环境质量要求如表 5;灌溉水质量要求如表 6 所示,绿色栽培种植地环境和灌溉水质量要求如表 7、表 8 所示。

表 4 环境空气质量要求

项 目			指 标	
			日平均	1 小时平均
总悬浮颗粒物(标准状态)	(毫克/立方米)	≤	0.30	—
二氧化硫(标准状态)	(毫克/立方米)	≤	0.15	0.50
二氧化氮(标准状态)	(毫克/立方米)	≤	0.12	0.24
氟化物(标准状态)	(微克/立方米)	≤	7	20

表 5 土壤环境质量要求 (单位:毫克/升)

项 目		含量限值		
		pH<6.5	pH 6.5~7.5	pH>7.5
镉	≤	0.30	0.30	0.60
汞	≤	0.30	0.50	1.0
砷	≤	40	30	25
铅	≤	250	300	350
铬	≤	150	200	250
铜	≤	50	100	100

表 6　灌溉水质量要求

项　目		浓度限值
pH 值		5.5～8.5
化学需氧量(毫克/升)	≤	150
总汞(毫克/升)	≤	0.001
总镉(毫克/升)	≤	0.005
总砷(毫克/升)	≤	0.05
总铅(毫克/升)	≤	0.10
铬(六价)(毫克/升)	≤	0.10
氟化物(毫克/升)	≤	2.0
氰化物(毫克/升)	≤	0.50
石油类(毫克/升)	≤	1.0
类大肠菌群(个/升)	≤	10000

表 7　大气环境质量标准(GB3092－82)

污染物名称	浓度限制值(毫克/标准立方米)			
	取值时间	一级标准	二级标准	三级标准
总悬浮微粒	日平均	0.15	0.30	0.50
	任何 1 次	0.30	1.00	1.50
飘　尘	日平均	0.05	0.15	0.25
	任何 1 次	0.15	0.50	0.70
二氧化硫	年日平均	0.02	0.06	0.10
	日平均	0.05	0.15	0.25
	任何 1 次	0.15	0.50	0.70

续表 7

污染物名称	浓度限制值(毫克/标准立方米)			
	取值时间	一级标准	二级标准	三级标准
氮氧化物	日平均	0.05	0.10	0.15
	任何1次	0.10	0.15	0.30
一氧化碳	日平均	4.00	4.00	6.00
	任何1次	10.00	10.00	20.00
光学氧化剂	1小时1次	0.12	0.16	0.20

注:1. 日平均,为任何一天的平均浓度不允许超过的极限

2. 任何1次,为任何1次采样测定不允许超过的浓度限值

3. 年日平均,为任何一年的日平均浓度均值不允许超过的极限

表 8　农田灌溉水质标准(GB5084—92)　(单位:毫克/升)

序　号	项　目		标准值
1	生化需氧量(BOD)	≤	80
2	化学需氧量(COD)	≤	150
3	悬浮物	≤	100
4	阴离子表面活性剂(LAS)	≤	5.0
5	凯氏氮	≤	30
6	总磷(以P计算)	≤	10
7	水温(℃)	≤	35
8	PH值		5.5～8.5
9	全盐量	≤	1000(非盐碱土地区) 2000(盐碱土地区) 有条件的地区可适当放宽

续表 8

序　号	项　目	标准值
10	氯化物≤	250
11	硫化物≤	1.0
12	总　汞≤	0.001
13	总　镉≤	0.005
14	总　砷≤	0.05
15	六价铬≤	0.1
16	总　铅≤	0.1
17	总　铜≤	1.0
18	总　锌≤	2.0
19	总　硒≤	0.02
20	氟化物≤	3.0(高氟区)2.0(低氟区)
21	氰化物≤	0.5
22	石油类≤	0.05
23	挥发酚≤	1.0
24	苯≤	2.5
25	三氯乙醛≤	1.0
26	丙烯醛≤	0.05
27	硼≤	1.0(敏感作物:马铃薯、韭菜、洋葱) 2.0(忍受力较强的:辣椒、小白菜、蒜) 3.0(忍受力强的:萝卜、油菜、甘蓝等)
28	粪大肠菌群数(个/升)≤	1000
29	蛔虫卵数(个/升)≤	2

112. 胡萝卜安全生产的施肥原则是什么?

胡萝卜安全生产的施肥原则是:肥料使用必须满足胡萝卜对营养元素的需要,使足够数量的有机物质返回土壤,来保持或增加土壤肥力及土壤生物活性。所有有机或无机肥料,特别是富含氮的肥料应对环境和作物(营养、味道、品质和植物抗性)不产生不良后果方可使用。

要实行测土配方施肥,最大限度地保持菜田土壤养分平衡和土壤肥力的提高,减少肥料成分的过分流失对胡萝卜产品和环境造成的污染。要根据胡萝卜营养生理特点,生长前期吸肥少、后期吸肥多的吸肥规律,当地土壤供肥性能及肥料效应,确定有机肥、化肥和微肥的适宜用量和比例,以及相应的施肥技术,对症配方。要以有机肥为主,化肥为辅;以多元复合肥为主,单元素肥料为辅;以施基肥为主,追肥为辅。施肥尽量限制化肥的施用,如果确实需要,要有限度、有选择地施用。

113. 胡萝卜安全生产的施肥要求是什么?

胡萝卜安全生产的施肥要求是,购买的肥料必须是通过国家有关部门登记认证及许可生产,质量达到国家标准的肥料。化肥必须和有机肥配合施用,有机氮和无机氮的配合比例以 1∶1 为宜。不可以使用硝态氮肥和含硝态氮的复合肥、复混肥等。提倡使用长效缓释化肥。除秸秆还田和绿肥翻压外,其他有机肥必须进行无害化处理和充分腐熟后才能使用。禁止使用未经处理的不符合国家标准的城市垃圾、污泥和粉煤灰作为肥料和土壤改良剂。胡萝卜收获前 20 天,不得施用任何化肥。

适宜使用的有机肥种类,一般有堆肥、厩肥、腐熟人畜粪便、沼气肥、腐熟的作物秸秆和饼肥等。允许限量使用的化肥和微肥,有尿素、碳酸氢铵、硫酸铵、磷肥(磷酸二铵、过磷酸钙、钙镁磷肥等)、钾肥(硫酸钾、氯化钾等)、硫酸铜、氯化铁、硫酸锌、硫酸锰和硼砂等。现在,诸如根瘤菌、固氮菌、磷细菌、钾细菌等微生物肥料,也逐渐被广大农民所接受并使用。

施肥时要以底肥为主。增加底肥比重,一方面有利于培育壮苗,一方面可以通过减少追氮肥数量,减轻因追肥过迟,临近成熟,对吸收的营养不能充分同化所造成的污染,提高无公害胡萝卜质量。生产中适宜将有机肥全部作底施,辅以一定量的无机氮肥,使底肥氮与追肥氮比例达到 6∶4。磷、钾肥及各种微肥,也宜进行底施。

114. 胡萝卜安全生产的农药使用原则有哪些?

胡萝卜安全生产的农药使用基本原则是:禁止使用国家明令禁止的高毒、剧毒、高残留的农药及其混配品种。使用化学农药时,应严格执行农药合理准则 GB4286 和 GB/T8321 的有关标准;合理混用、轮换和交替用药,防止和推迟病虫害抗性的产生和发展。

要选用高效低毒的无公害农药。无公害农药就是指用药量少,防治效果好,对人畜和田间各种有益的生物毒性小或无毒,在外界环境中易于分解,不造成对环境和胡萝卜污染的高效、低毒、低残留的农药。

胡萝卜安全生产中,防治病虫害并不是要求不打农药,而是要选择合适的农药,要根据胡萝卜病虫害发生种类和危害程度,制定“预防为主,综合防治”的措施,遵循如下原则:①要对症下药,所使用的农药必须具备“三证”(农药登记证、生产许可证或生产批准证、执行标准号),禁用高毒、剧毒、高残留或具三致(致癌、致畸、致突变)的农药,要按照国家颁布的《农药安全使用准则》执行,防止农药污染及农药浪费。②选择合适时间用药。喷药要掌握病虫害发生规律,在病害和虫害发生初期,或病、虫对药抗性较弱时用药;

喷药时间一般在傍晚，最好不要在温度高的中午。胡萝卜快要收获时不能喷药。③用药浓度要正确，次数要适当，并安全用药。使用农药并不是药量越大越好，次数越多越好。要按照农药说明、病情轻重来定。不要浪费农药，加速病虫抗药性的形成。同时用药时要注意防止人、牲畜、蜂中毒。④农药要交替使用，合理混用。使用两种以上防治对象基本相同或相同的农药来交替防治，可延缓病虫对某一种农药的抗性，提高防治效果。合理混用可以混用的两种或两种以上农药，也可以提高防治效果。⑤要有固定的地方存放农药，要由专人保管，过期、废弃的农药要及时集中处理。

115. 胡萝卜安全生产中禁用、限用哪些农药?

随着社会的发展和科学的进步，从以前使用的农药品种中，筛选出了一些危害大的农药，这些农药在环境中难以降解，有一定残留，具有生物积累性，有三致作用(致癌、致畸、致突变)，高毒，高残留。胡萝卜无公害安全生产禁止使用的农药品种，有滴滴涕、六六六、毒杀芬、二溴氯丙烷、杀虫脒、二溴乙烷、除草醚、艾氏剂、狄氏剂、汞制剂、砷、铅、敌枯双、氟乙酰胺、甘氟、毒鼠强、氟乙酸钠和毒鼠硅等。

胡萝卜安全生产中限制使用的农药，有甲拌磷、久效磷、对硫磷、甲基对硫磷、甲胺磷、氧化乐果、水胺硫磷、磷胺、甲基异硫磷、特丁硫磷、甲基硫环磷、治螟磷、内吸磷、灭线磷、硫环磷、蝇毒磷、地虫硫磷、氯唑磷和苯线磷；氨基甲酸酯杀虫剂有克百威和涕灭威；杀虫杀螨剂有杀虫脒、齐墩螨素、克螨特和三氯杀螨醇；联代苯类杀菌剂有五氯硝基苯。

116. 胡萝卜无公害安全生产可以使用那些农药?

胡萝卜无公害安全生产可以使用的农药如下：

(1)杀虫杀螨剂

①生物制剂和天然物质　苏云金杆菌、甜菜夜蛾核多角体病毒、银纹夜蛾核多角体病毒、小菜蛾颗粒体病毒、茶尺蠖核多角体病毒、棉铃虫核多角体病毒、苦参碱、印楝素、烟碱、鱼藤酮、苦皮藤素、阿维菌素、多杀霉素、浏阳霉素、白僵菌、除虫菊素和硫黄。

②合成制剂

菊酯类：溴氰菊酯、氟氯氰菊酯、氯氟氰菊酯、氯氰菊酯、联苯菊酯、氰戊菊酯、甲氰菊酯和氟丙菊酯。

氨基甲酸酯类：硫双威、丁硫克百威、抗蚜威、异丙威和速灭威。

有机磷类：辛硫磷、毒死蜱、敌百虫、敌敌畏、马拉硫磷、乐果、三唑磷、杀螟硫磷、倍硫磷、丙溴磷、二嗪磷和亚胺硫磷。

昆虫生长调节剂：灭幼脲、氟啶脲、氟铃脲、氟虫脲、除虫脲、噻嗪酮、抑食肼和虫酰肼。

专用杀螨剂：哒螨灵、四螨嗪、唑螨酯、三唑锡、炔螨特、噻螨酮、苯丁锡、单甲脒和双甲脒。

其他：杀虫单、杀虫双、杀螟丹、甲胺基阿维菌素、啶虫脒、吡虫脒、灭蝇胺、氟虫腈、溴虫腈和丁醚脲。

(2)杀菌剂

无机杀菌剂：碱式硫酸铜、王铜、氢氧化铜、氧化亚铜和石硫合剂。

合成杀菌剂：代森锌、代森锰锌、福美双、乙膦铝、多菌灵、甲基硫菌灵、噻菌灵、百菌清、三唑酮、三唑醇、烯唑醇、戊唑醇、己唑醇、腈菌唑、乙霉威·硫菌灵、腐霉利、异菌脲、霜霉威、烯酰吗啉·锰锌、邻烯丙基苯酚、咪霉胺、氟吗啉、盐酸吗啉胍、恶霉灵、噻菌铜、咪鲜胺、咪鲜胺锰盐、抑霉唑、氨基寡糖素、甲霜灵·锰锌、亚胺唑、春·王铜、恶唑烷酮·锰锌、脂肪酸铜、松脂酸铜和腈嘧菌酯。

生物制剂：井冈霉素、农抗120、菇类蛋白多糖、春雷霉素、多抗霉素、宁南霉素、木霉菌和农用链霉素。

九、提高商品性的胡萝卜标准化生产

117. 什么是无公害农作物的标准化生产？

农作物的标准化生产，简单说就是以农作物为对象的标准化生产活动。具体来讲就是运用“统一、简化、协调、优化”的原则，对农作物生产的产前、产中和产后整个过程，制定国家、行业或地方标准，按照这些标准实施的无公害农作物的生产过程。从而来促进先进农业科技成果和生产经验的迅速推广，保证农产品的质量和安全，促进农产品的流通，规范农产品的市场秩序，指导生产，从而取得经济、社会和生态的最佳效益，达到提高农业竞争力的目的。

其中“统一”原则，就是指对农业各项活动、农产品品质、规格和其他特性，确定适用于一定时期和一定条件下的一致规范。“简化”原则，就是指对农作物的数量、规格、品质或其他特征，进行筛选提炼，除去其中多余的、低效能的环节，精炼并确定出能满足农作物生产所必需的高效能的环节，以求达到节省成本、省工、优质和增效的目的。“协调”原则，就是为了使农业标准化系统的整体功能达到最佳，并产生实际效果，必须通过有效的方式协调好系统内外相关因素之间的关系，确定为建立和保持相互一致，适应或平衡关系所必须具备的条件。协调的目的在于使农业标准化系统的整体功能达到最佳并产生实际效果；协调的对象是农业标准化系统内相关因素的关系以及系统与外部相关因素的关系。“优化”原则，就是指按照特定的目标，在一定的限制条件下，以农业科学技术和实践经验的综合成果为基础，对农业标准化对象的大小、形状、品质、色泽、气味、生产成本等参数及其关系，进行选择、设计、组合和调整。

118. 胡萝卜标准化生产的概念和特点是什么？

胡萝卜标准化生产，是指严格按照国家、行业和地方标准规定的产地环境质量标准、产品质量标准和生产技术规范，组织实施的胡萝卜标准化生产过程。

胡萝卜标准化生产的特点有4个：

(1)标准化生产的对象胡萝卜是有生命的　蔬菜标准化生产的对象受外界影响的相关因素较多，受不易控制的自然条件影响较大，如土壤、气温、降雨、日照和风力，等等。即使是同一种蔬菜作物，在不同的生产条件下产生的结果也是不同的。

(2)标准化生产的地区性较强　同样的农业技术在不同的地区效果是不一样的。不同地区、不同的自然条件，其标准也是不一样的。如胡萝卜因产地不同，其品质都会有很大的差异。

(3)标准化生产具有复杂性　复杂性表现为制定标准的周期长，所要考虑的相关因素较多。农业生产周期较长，所以制定生产标准的周期也就较长。农业生产受众多相关因素的影响，品种选育、使用、推广等都需要和化肥、农药、排灌机械、保护地设施等相配合，才能得到最好的生产结果，所以生产工作是比较复杂的。

(4)标准化生产要求文字标准和实物标准共存　文字标准来源于实践，是客观事物的文字表达，但文字比较抽象，会由于人们的不同理解或不同认知而产生不同的结果。例如对颜色、口味等的识别，所以如果和实物标准相对照，标准就很明确，标准化生产也便于顺利实施。

119. 胡萝卜标准化生产的内容是什么？

胡萝卜标准化生产的内容，主要包括胡萝卜种子、生产技术和胡萝卜肉质根质量标准化工作，其中质量标准是这三个主题内容的核心，种子标准化是实现质量标准化的基础，生产技术规范化是实现质量标准化的保证。

(1)种子标准化 是指对胡萝卜优良品种的种子实行标准化管理，包括品种标准，原种生产技术规程，种子质量分级标准，种子检验方法标准，种子包装、贮藏与运输标准。

(2)胡萝卜肉质根质量标准化 是指对胡萝卜肉质根质量性能所作的技术规定，是生产、经营等方面共同遵守的技术准则。其质量指标取决于品质、外观、加工技术性能和安全卫生性能四个方面。质量性能指标是胡萝卜肉质根质量分级和质量检验的主要依据。

(3)胡萝卜生产技术规程 内容一般包括品种、选地、整地、播种、间苗、田间管理、收获和贮藏等。通过对胡萝卜生产实行标准化管理，来充分发挥胡萝卜优良品种的性能和科学生产技术的作用，实现胡萝卜高产、优质和高效发展。

120. 发展胡萝卜标准化生产有何意义？

胡萝卜栽培技术并不是非常复杂，生产期间很少有病虫害，加工空间大，适合规模化、标准化种植，针对当前我国农业发展现状，发展胡萝卜标准化生产具有重要意义。

(1)是市场供求发展的必然要求 实施标准化是整个农业发展的必然趋势，是市场供求发展的必然要求。现在我国正处于蔬菜数量到质量飞跃的时期，消费者关心的是食品的安全、质量和营养保健。

(2)是提高农业效益的重要措施 实施标准化生产是提高农民农业技术水平、增加农业效益的重要举措。农户按照标准化生产技术生产，可以优化当地的种植环境，选取适合当地的优良品种，按照要求选用规定的化肥和农药，减少不必要的农业成本支出，进行标准化作业。通过控制胡萝卜生产的全过程，实施标准化种植，生产出品质好、安全的胡萝卜，提高其商品性，满足生产者和消费者的需要。可以促进胡萝卜生产向规模化、产业化、外向化的方向发展，提高产品竞争力，提高农业的整体经济效益，实现农业效益的最大化。

(3)是实现农业持续发展的有效途径 实施标准化是改善生态环境，实现农业可持续发展的有效途径。在我国现在的农业生产中，乱用化肥、农药和除草剂等现象比较普遍，不仅影响到人们的身心健康，而且影响到土壤、水体、大气等环境质量，不同程度破坏了人类赖以生存的生态环境。制定和实施标准化，能够规范农民的生产，提高农民科学用药施肥的自觉性和技术水平，促进经济、社会、生态和谐发展。

121. 胡萝卜标准化生产管理应从哪几个方面进行规范？

胡萝卜标准化生产管理，主要从四个方面进行规范。

(1)产前对环境进行检测和制定病虫防疫规范 因为农业生产与环境息息相关，优质的产品是在优良的环境下形成的，污染的环境必然污染农作物。疫病的传播与流行不仅影响胡萝卜的生长发育，而且影响其质量，破坏环境。

(2)对生产资料进行规范 农业生产资料是农业生产的重要物质基础。优质的农用生产资料不仅能使胡萝卜增加产量，而且能够保证其质量，对周围生产环境也有益。因此农用生产资料的供应和购买，必须依据《农药管理条例》、《肥料管理条例》和《农药限制使用管理规定》等国家和地方的法规和条例进行。

(3)对种植管理程序进行规范 制定标准化生产技术，规范每一项田间管理方法，便于农业技术推广。

(4)对病虫害防治进行规范 及时准确的选择、合理施用农药。

122. 在标准化生产中如何规范胡萝卜采后的包装和贮运?

农产品的包装,是为了在流通过程中保护产品、方便运输、便于贮藏、促进销售。胡萝卜包装的基本要求是:较长的食品保质期和货架寿命,不带来二次污染,减少原有营养及风味的损失,降低包装成本,贮藏、运输方便、安全,增加美感,引起消费欲望。所以包装材料要选择本身无毒的材料,不会释放有毒物质污染食品。包装环境要良好,卫生安全;包装设备性能良好,不会对产品质量产生不良影响;包装过程安全。要重视食品标签的使用和维权。

胡萝卜贮运的要求是:必须根据胡萝卜的特点、包装要求、贮藏要求、运输距离等方面,来确定不同的贮运方法。在贮、运过程中,所用的工具必须洁净卫生,不能产生污染。在贮运过程中,禁止胡萝卜与农药、化肥和其他化学制品等一起运输与存贮。

参考文献

1 赵志伟,司家钢.萝卜胡萝卜无公害高效栽培.金盾出版社,2003

2 苏保乐.牛蒡胡萝卜出口标准与生产技术.金盾出版社,2006

3 赵志伟.根菜类蔬菜良种引种指导.金盾出版社,2004

4 满昌伟.蔬菜生理性病害及防治技术.化学工业出版社,2008

5 王淑芬,何启伟等.出口萝卜、胡萝卜安全生产技术.山东科学技术出版社,2007

6 杜相革.农产品安全生产技术.中国农业大学出版社,2008

7 农业部农民科技教育培训中心,中央农业广播电视学校.出口蔬菜标准化生产技术.中国农业科学技术出版社,2008